# 家禽白血病

杭柏林　梅　梅　范忠军　主编

中国农业科学技术出版社

**图书在版编目（CIP）数据**

家禽白血病 / 杭柏林，梅梅，范忠军主编．—北京：中国农业科学技术出版社，2013.8

ISBN 978-7-5116-1332-5

Ⅰ.①家…　Ⅱ.①杭…②梅…③范…　Ⅲ.①家禽-禽病-白血病-防治　Ⅳ.①S858.3

中国版本图书馆 CIP 数据核字（2013）第 153944 号

**责任编辑**　张国锋
**责任校对**　贾晓红

**出 版 者**　中国农业科学技术出版社
北京市中关村南大街 12 号　邮编：100081
**电　　话**　(010)82106636(编辑室)　(010)82109702(发行部)
(010)82109709(读者服务部)
**传　　真**　(010)82106631
**网　　址**　http://www.castp.cn
**经 销 者**　各地新华书店
**印 刷 者**　北京昌联印刷有限公司
**开　　本**　850mm×1168mm　1/32
**印　　张**　6.875
**字　　数**　188 千字
**版　　次**　2013 年 8 月第 1 版　2013 年 8 月第 1 次印刷
**定　　价**　22.00 元

**本书为国家自然科学基金**
**（31201881）、江苏省高校研究生科研**
**创新计划（CXLX12-0938X1）资助项目。**

# 《家禽白血病》编写人员


**主　　编**　杭柏林　梅　梅　范忠军

**副 主 编**　吴庚华　陈　同　冯云霞

**编写人员**（按姓氏笔画排序）

王亦欣　孔丽娟　冯云霞　李　杰

吴庚华　陈　同　杭柏林　范忠军

胡建和　梅　梅　穆伟峰

# 序

家禽白血病是由反转录病毒科的禽白血病病毒引起的严重危害养禽业的一个重要的肿瘤性传染病。在2000年以前，家禽白血病在我国虽然时有发生，但并没有得到大家的广泛关注。进入21世纪后，家禽白血病在我国鸡群中的流行与致病越来越严重，特别是由J亚群禽白血病病毒引起的家禽白血病疫情愈加复杂，防制与净化愈加困难。

目前，我国政府和一些大型养禽企业认识到家禽白血病的重要性。2012年5月20日，国务院发布《国家中长期动物疫病防治规划（2012—2020年）》，将禽白血病列为优先防治的国内动物疫病之一。一些大型养禽企业开始实施种禽白血病的净化工作。因此，家禽白血病的防制工作已经成为科研工作者和养殖业者及政府相关部门关注的课题。

为了推进家禽白血病的研究与防制工作，杭柏林同志和从事家禽白血病研究的相关青年学者合作编写了这本《家禽白血病》。该书侧重基础，兼顾前沿，广泛收集了家禽白血病方面的理论和技术，基础研究和临床应用相结合。该书深入浅出，具有很好的可读性和易读性，可作为兽医科研工作者和临床工作者的参考书。

我相信，这本书的出版，对我国广大兽医工作者特别是关注家禽白血病研究的相关人员将有所裨益，对我国家禽白血病的防控与净化工作具有重要的理论指导意义。在此，我衷心祝愿我国家禽白血病的研究走向更高水平，我国养禽业不断健康发展。

扬州大学兽医学院院长

教育部禽类预防医学重点实验室主任

# 前　言

我国是世界养禽大国，家禽存栏量和家禽产品总量一直居于世界领先位置。我国家禽业集约化和规模化的程度越来越高，但是禽类的疾病却也越来越多、越来越复杂。在禽类疫病中，免疫抑制性病毒的感染在鸡群中普遍存在，对养禽业的生产带来极大威胁，由此造成的经济损失无法计算。家禽免疫抑制性病原体有很多种。在这些病原体中，近年来禽白血病病毒（ALV）特别是J亚群禽白血病病毒（ALV-J）在肉鸡和蛋鸡养殖业中危害甚大。

禽白血病（Avian leukosis，AL）是鸡的一种肿瘤性传染病，目前已呈世界性分布。禽白血病不仅引起病禽的死亡、淘汰，造成多组织性肿瘤，还降低禽只生产性能，造成疫苗免疫失败，进而影响其他禽类相关产品的生产。近年来，国内鸡白血病发生的越来越常见，防控越来越难，并有暴发流行的趋势。J亚群禽白血病不再限于肉鸡，在蛋鸡以及中国的纯地方品系鸡中也已经出现，并在一定地区呈地方性流行。我国政府已将禽白血病列为二类动物疫病。由此可见，对禽白血病的相关研究意义重大，迫在眉睫。

本书的主要内容包括：禽白血病概述、病原学特征、致病机制、流行病学、临床症状与病理变化、诊断、防制和禽白血病的混合感染。在编写过程中，我们参考了大量的国内外期刊、论文集、书籍和网页上的禽白血病相关文献，经过分析、总结、理解与提高，编写了这本《家禽白血病》，希望为广大养殖人员、研究学者、防疫人员提供一些帮助，为防控我国的禽白血病、进一步提高我国养禽技术、繁荣我国养禽事业作一点贡献。

由于编者水平有限，书中可能存在一些遗漏和错误，恳请广大读者和专家批评指正。

编著者

2013年5月

# 目　　录

# 第一章　禽白血病概述

禽白血病（Avian leukosis，AL）是由禽白血病病毒（Avian leukosis virus，ALV）和禽肉瘤病毒（Avian sarcoma virus，ASV）群（或称为“禽白血病/肉瘤病毒群”，现在大都称为“禽白血病病毒”）中的病毒引起的以禽类造血组织中某些细胞成分增生为主的肿瘤性传染病的统称[1~2,41]。禽白血病多数是具有传染性的良性肿瘤或恶性肿瘤。目前，趋向于采用“禽白血病”来概括这些肿瘤性疾病。禽白血病已被我国列为二类动物疫病[3]。

该病在我国最早发生于肉鸡病例中，近几年，在蛋鸡群和地方品系鸡群中也有发生，并呈上升和暴发趋势。ALV 感染鸡表现发育迟缓、免疫抑制、生产性能下降、多组织肿瘤甚至死亡等，而且还间接造成其他疫苗的免疫失败，从而造成较为严重的损失。因此，禽白血病严重威胁我国肉鸡和蛋鸡及种鸡的生产。

## 第一节　禽白血病的历史与现状

### 一、历史

1. 国外研究禽白血病的简史

1868 年，Roloff 报道了欧洲发生的一例鸡“淋巴肉瘤”[20]。1896 年，意大利 Caparini 描述了“鸡白血病”[174]。但在这以后长达近半个世纪的时间内，该病一直与鸡的另一个肿瘤病即马立克病相混淆。1905 年，Butterfield 和 Mohler 对美国哥伦比亚和密歇根州的几个病例进行描述，称之为“白细胞不增多性淋巴组织增生"[289]。随后，德国的 Jutaka Kon 和美国的 Warthin 做了类似的报道，使用了"淋巴细胞瘤（lymphocytoma）"的概念[139]。1907 年，Hirschfeld 和 Jacoby 通过实验证实了禽白血病病原具有滤过性和传染性[174]。1908 年，在哥本哈根工作的 Ellermann 和 Bang 在世界上首次报道利用滤过性因子实验传播了禽白血病，这个实验在以后的几年中被其他国家的科学家又再次证实了[290]。1909 年，美国洛克菲勒研究所的 Tyzzer 和 Ordway 报道了几例禽的淋巴瘤，德国 Hobmairer 描述了皮肤和血管的淋巴瘤[174]。1910 年，在洛克菲勒（Rockefeller）研究所工作的 Peyton Rous（图 1－1）通过试验证实禽纤维肉瘤（图 1－2）的无细胞滤液具有传染性[228]。此后，人类对禽白血病有了更深的认识，对肿瘤本质的认识上升到一个新的阶段，并描述了不同的禽白血病病毒毒株，对其中的一些毒株进行了长期的深入研究。

**图 1－1　Peyton Rous（1923）**

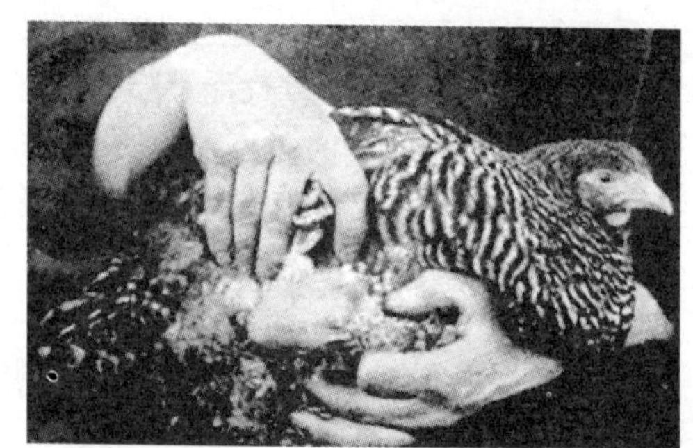

**图 1－2　呈给 Rous 的第一个带有肿瘤的普利茅斯条纹岩石鸡**

1920—1940 年间，美国出现了所谓的"禽白血病复合症"，其造成的损失越来越大，于是，一些研究机构开始对该病进行研究[139]，逐渐认识到鸡白血病在病理组织学上与马立克病有着明显区别[140]。1930 年以后，许多研究者用 Rous 肉瘤制备物感染实验鸡后能诱发禽白血病[174]。1938 年，美国成立了地区家禽研究实验室（The Regional Poultry Research Laboratory，RPRL），对该病进行研究，得出淋巴细胞性白血病是由病毒引起的结论。1954～1957年，Burmester的研究表明，Rous肉瘤很容易通过接触传染[139]。1956年，Manaker和Groupe建立了检测Rous肉瘤病毒的蚀斑方法[291]。1960年，Rubin发现抵抗力诱发因子、Rous相关病毒（Rous associated virus，RAV）以及RAV在肉瘤病毒中的辅助作用，这才算真正认识到Rous肉瘤病毒与禽白血病病毒的密切关系[174]。1960年后，随着在细胞水平上对禽肿瘤病毒与宿主相互关系的研究，人们对禽白血病的病原及其一些生物学特征和禽白血病有了较为全面的认识[141]。1962年，Vogt和Rubin发现Bryan Rous肉瘤病毒毒株中含有非转化能力的禽白血病病毒，称其为Rous相关病毒[292]。同Temin和Hanafusa等揭示Bryan Rous肉瘤病毒等感染的细胞为“非生产者”细胞，只有超感染Rous肉瘤病毒或相关禽白血病病毒（即辅助病毒）时才产生感染性Rous肉瘤病毒，这样就发现了复制缺损型Rous肉瘤病毒[293]。1964年，发现了复制能力型Rous肉瘤病毒，但很快认识到这种急性转化型复制能力型Rous肉瘤病毒是一种例外情况，所有其他急性转化型禽白血病病毒均为缺损型反转录病毒[174]。1964～1969年，研究结果导致了对禽白血病/肉瘤病毒的分群，即A、B、C、D亚群[174]。1966年，Francis Peyton Rous博士被授予诺贝尔奖，因发现劳斯肉瘤病毒引起鸡及鸟类的结缔组织瘤，提出了癌病毒理论。1975年，Howard Martin Temin、David Baltimore和Renato Dulbecco被授予诺贝尔奖，因发现劳斯肉瘤病毒具有逆转录酶，能产生cDNA。1989年，John Michael Bishop和Harold Elliot Varmus被授予诺贝尔奖，因发现劳斯肉瘤病毒带有肿瘤基因（这个基因来源于鸡），提出正常动物细胞带有原癌基因的学说。

20世纪80年代后期，英国Campton动物保健协会对白羽肉种鸡群进行禽白血病病毒感染状况调查时，分离到几株病毒[174]。1988年，Payne等对这些病毒进行深入研究后认为，这些毒株属于一个新亚群的ALV即ALV-J，其中，HPRS-103株后来成为ALV-J

的原型毒株[6]。随后，ALV-J 在世界范围内的许多国家迅速蔓延。随后证实，ALV-J 在美国、英国及世界一些地区的肉用种鸡群中的发生率很高，鸡群感染率接近50%，以至于1997 年和1998 年被称为“J 亚群白血病的灾难年”[73]，除了澳大利亚和新西兰外，世界其他国家的肉种鸡和肉仔鸡均受到侵袭，造成巨大的经济损失。1999 年，Smith 等在宿主细胞基因组中发现 ALV-J 高度同源的 EAV-HP 或称为 ev/J ALV 内源性病毒序列克隆，env 的同源性达 97%以上[294]。ALV-J 自分离之后，在几年内遍布全球。目前，几乎世界上任何国家和地区都曾有过相关病毒感染的报道。

到目前为止，世界上许多国家的养鸡企业已经基本控制了禽白血病在鸡群中的流行[283]。

2. 我国研究禽白血病的简史

我国对 ALV 的研究起步较晚。20 世纪 50 年代，禽白血病在甘肃首次被发现，此后几乎蔓延到了每个省份[295]。1992 年，台湾的王金和等发现台湾的白肉种鸡发生致死率很高的骨髓细胞增生症（myelocytomatosis），1997 年确认为该病是由 ALV-J 感染所造成的[192]。有研究推断，我国的 ALV 可能最初来自国外的进口肉种鸡，然后传播到中国地方品种和进口蛋种鸡品种[234]。我国在引进白羽肉用型种鸡时也引进了 ALV-J，给我国带来了巨大的经济损失。1999 年，杜岩、崔治中等在中国的江苏省和山东省商品代肉鸡群中分离和鉴定了 4 株 ALV-J，证实 ALV-J 在我国内陆的存在[13]。2001 年，秦爱建等制备了 ALV-J 的鼠源单克隆抗体，可以与多数 ALV-J 发生反应[71]。

从 2005 年后，ALV-J 引起的肿瘤不再成为我国白羽肉鸡生产中严重问题。然而在这期间，由于不当引种和种鸡场在繁育过程中不适当的经营管理，ALV-J 也被带进我国自繁自养的黄羽肉鸡及蛋用型鸡中。蛋鸡中禽白血病的普遍流行更成为目前危害养鸡业特别是蛋鸡业的主要疫病之一。同时，也从蛋鸡群中分离到禽白血病毒 A、禽白血病毒 B、禽白血病毒 C 亚群。另外，我国地方品系鸡群中也相继发现禽白血病毒 A、禽白血病毒 B、禽白血病毒 J 亚群的感染。到目前为止，还没有禽白血病病毒 A、B 亚群的明确追溯证据[260]。目前，已从商品肉鸡、蛋鸡、种鸡和地方品系鸡中分离出多株 ALV-J 病毒和其他外源性禽白血病病毒。

我国地域辽阔，气候地理条件多种多样，各地饲养着许多不同特性、不同遗传背景和不同谱系的地方品系鸡群。长期以来，这些鸡群一直存在着 ALV 感染，但从来都没有做过 ALV 的净化，地方品系鸡存在不同亚群 ALV 的可能性就很大。

加强禽白血病防控已经成为迫在眉睫的事情。在国务院办公厅于 2012 年 5 月 20 日发布的《国家中长期动物疫病防治规划（2012—2020 年）》中，将禽白血病列为优先防治的国内动物疫病（16 种）之一[270]。在该规划中，对种禽的禽白血病净化考核标准是：到 2015 年，全国祖代以上种鸡场达到净化标准；到 2020 年，全国所有种鸡场达到净化标准。

## 二、现状

目前，禽白血病的发生与流行愈来愈烈，危害愈来愈大，损失愈来愈惨重，教训愈来愈沉重。

1. 流行病学方面

（1）发病日龄提前　罗青平等[7]在对 2009 年湖北省 ALV-J 的调查时发现，J 亚群禽白血病的发病日龄在提前。在高玉龙等[5]的调查研究中发现了 50 日龄的病例，并且表现有明显的临床症状，表明 ALV-J 毒株的致病性明显增强，自然感染时引起发病的日龄逐渐提前。有人报道，24 日龄的 ALV 感染鸡可以表现一些症状[92]。以前，ALV-J 引起的肿瘤大多数发生于 25 ~ 35 周龄的成年鸡，死亡高峰可达每月 6%。人工感染肉鸡鸡胚，孵化出小鸡最早发生髓细胞样禽白血病（ML）的时间为 9 周龄，平均死亡时间为 20 周龄。但近年来，从临床 ML 病例中分离出的急性转化型的 ALV-J 表现出了比 HPRS-103 更快的致肿瘤作用。杜岩等[65]分离的 ALV-J 中国分离株（SD9902）为急性转化型病毒，最快在接种后的第 22 天出现了 ML，并导致肉用型鸡的死亡。李传龙等[217]通过对1日龄817肉杂鸡颈部皮下接种含ALV-J相关病毒的病料滤过液，最快可在接种后7天就出现纤维肉瘤。

（2）混合感染较严重　混合感染已成为目前禽类疫病的一个新的趋势。在高玉龙等[5]的调查研究中发现，ALV-A或ALV-B阳性的鸡场同样能检测到ALV-J，感染率在3.9%～13.9%。除了ALV不同亚群之间的混合感染，ALV还可以与其他类型的病原微生物如细菌、真菌、病毒和寄生虫等发生双重感染和多重感染。

（3）健康带毒率高　禽白血病的隐性感染是绝大多数感染鸡群的主要表现形式。有些鸡群表面健康，但通过检测，却发现其体内带有ALV，成为很危险的传染源。罗青平等[7]在对2009年湖北省ALV-J的调查时发现，海兰蛋鸡品种健康血液带毒率高达42.4%，立克粉蛋鸡为33.3%。

（4）宿主范围在扩大　以前认为，ALV-J主要引起肉用型鸡发病，商品莱航鸡虽然对ALV易感，但不产生肿瘤[8]。但是，ALV在选择压的作用下，囊膜基因内碱基突变加快，导致某些ALV毒株的宿主范围扩展开来。近年来，监测到ALV-J的宿主范围逐渐扩大，不再局限于白羽肉鸡感染发病，在蛋鸡甚至我国地方品种鸡如麻鸡[9]、三黄鸡[193]中也普遍发生。1987年以后，国际大型种鸡公司已基本实现了ALV的净化，少见ALV-A或ALV-B引起的白血病的报道[296]。但我国的一些地方品系如芦花鸡等鸡群受到ALV-B的感染[181]。我国地方品系鸡受到ALV感染是对我国养鸡业和禽病专家提出的新挑战。

2. 临床症状与病理变化方面

禽白血病引起感染群1%～2%的死亡（偶尔可高达20%或更高）。但随着病原长期进化导致毒力和致瘤性等特性发生了改变，从而使得发病率、临床肿瘤病变表现越来越多样化[5]。以往报道ALV-J主要引起成年肉鸡骨髓细胞瘤，但近些年陆续报道有血管瘤型J亚群禽白血病病例发生，而且日趋常见[10]。在高玉龙等[5]的调查中，发生J亚群禽白血病的鸡群以蛋鸡为主，发生血管瘤的病例占多数，个别鸡场有50%以上的发病鸡有血管瘤病变。越来越多的 ALV-J 感染引起的多种形式的疾病类型，如血管瘤-肉瘤、纤维瘤-肉瘤、神经胶质瘤、成红细胞白血病、成髓细胞性白血病等[179]。

禽白血病引起肿瘤混合已呈一种普遍现象[242]。通常，血管瘤混杂髓细胞瘤的比例为 8.6%，髓细胞瘤混杂组织肉瘤的比例为 2.1%，而血管瘤、髓细胞瘤和淋巴瘤混合发生的比例为 3.6%。

3. 病原方面

（1）ALV-J 占流行优势　在高玉龙等[5]检测的 178 份病料中，ALV-J 感染率高达 69.7%，远远高于 ALV-A 和 B 亚群的感染，而且检测的 39 个鸡场中，有 35 个鸡场是 ALV-J 阳性，鸡群阳性率高达 89.7%，表明我国目前 ALV 的感染主要以 J 亚群为主。张淼洁等[235]检测了 2008 年 12 月 ~2012 年 6 月间我国 4 个省市各 1 个进口品种鸡场共计 7 000余份样品，结果发现，进口品种鸡群中存在不同程度的 ALV-J 亚群和 ALV-A/B 亚群感染，J 抗体阳性率普遍高于 A/B 抗体阳性率，且肉鸡品种的 J 抗体阳性率高于蛋鸡品种。在我国近年来所发表的论文中，ALV-J 占了绝大多数的比例。这些都表明，在我国鸡群的禽白血病中 ALV-J 占流行优势地位。但是，还应同时关注鸡群 ALV-A/B 亚群感染。因为有些研究的监测结果表明，近几年来鸡群 ALV-A/B 亚群感染又有一定的上升趋势[234,235]。

（2）ALV 发生变异　近年来，多位研究学者从自然感染病例中分离和鉴定出一些外源性 ALV 之间或外源性 ALV 与内源性 ALV 之间发生基因片段重组的重组病毒，这些重组病毒引起的症状和病理变化的类型以及流行病学方面与经典毒株有明显不同。最近，崔治中[283]报道，从芦花鸡中分离到几个毒株，经鉴定，认为属于一个新的亚群，即 K 亚群。

4. 诊断方面

禽白血病的诊断是个比较复杂的事情。科技工作者开发了很多诊断和检测 ALV 的方法和技术（具体见后面的章节），在市场上，也有多种检测试剂盒。但是，这些方法和技术在实验室应用也只局限于某些专业实验室，在临床上和基层上，还很难应用。因此，在这方面还有很多工作要做。

5. 防制方面

采取检测加淘汰的方法是防制禽白血病的重要有效措施。现在，通过研究认识到，在检测时，病毒血症阴性、泄殖腔 p27 抗原阴性、但抗体阳性的鸡只可以考虑不用淘汰。在禽白血病的抗病育种和疫苗研究方面也在不断进行尝试。

## 第二节 禽白血病对养禽业的危害

近年来，禽白血病在商品蛋鸡群中呈全国性蔓延趋势，并威胁到了我国的地方品系鸡，给蛋鸡养殖行业造成了较为严重的经济损失，并造成了很大的不良社会影响。

禽白血病对养禽业造成的危害是多方面的，主要表现在以下几个方面。

### 一、直接发病

ALV 感染鸡只后，经过一段时间的发展，感染鸡产生肿瘤，最终死亡。如出现血管瘤症状时，多数病鸡会因流血不止而死亡。感染或发病后会引起鸡只的生产性能和免疫功能降低。因肿瘤而引起的屠宰废弃，直接影响了禽类产品的经济贸易。

### 二、导致免疫抑制

免疫抑制是指机体的免疫系统受到损害，导致参与免疫应答反应的器官、组织和细胞受到破坏，使机体的免疫应答功能暂时性或永久性丧失。ALV 感染鸡的免疫功能受到抑制，免疫器官上产生肿瘤，免疫器官出现肿胀或萎缩，白细胞和淋巴细胞数的降低，易造成发病鸡继发其他病原的多重感染和鸡的非特异性死亡，对疫苗免疫应答差，严重影响鸡的生产性能。

### 三、鸡的生产性能下降

ALV 感染鸡只后，鸡表现禽白血病的临床症状，鸡体生长速度变缓，肉鸡体重增加变慢，蛋鸡产蛋率和蛋品质下降。种母鸡感染后，除了产蛋性能降低外，受精率和孵化率也会降低。

### 四、影响雏鸡质量

ALV 可以通过垂直传播的方式进行传播。所以，祖代或父母代鸡场一旦发病，将会严重影响雏鸡的质量。先天感染的雏鸡会成为鸡群内重要的传染来源。种公鸡感染后，其精液带毒，受精时能够感染种母鸡，进而垂直传播给雏鸡，引起雏鸡死亡率增加。

### 五、污染疫苗

当疫苗被污染后，ALV 可以随疫苗进行传播。不断发现 ALV 污染禽用疫苗、犬用疫苗，甚至人用疫苗的报道。在我国，弱毒疫苗中外源性 ALV 污染是蛋鸡、三黄鸡和其他品种鸡中传播禽白血病的一个最可能的现实原因之一。曾在美国市场上供应的马立克病疫苗就发现有 ALV-A 的污染[154,186]。疫苗内污染的 ALV 和疫苗来源细胞内的内源性 ALV 的相互作用，应当受到重视，因这种作用可能导致另一新亚群 ALV 的出现。

## 第三节　禽白血病的公共卫生意义

禽白血病病毒能引起家禽的肿瘤，而家禽是人类重要的食源性动物。因此，很多人担心禽白血病病毒会感染人体并导致肿瘤或癌症的发生。总结多年来国际范围内的众多研究结果，发现存在两种不同观点，即禽白血病病毒对人体健康具有或没有威胁。

有关研究表明，禽白血病的感染率与人的血癌发生率呈一定正相关，提示我们 ALV-J 潜在的公共卫生意义也不容忽视[27]。

但也有人认为[219]，虽然禽白血病病毒类似于人的艾滋病病毒，但 ALV 不感染人。在 20 世纪 60 年代前后，曾用鸡胚生产麻疹疫苗，导致疫苗中存在禽白血病病毒的污染。Markham F. S. 等[238]通过检测人接种这类疫苗后的血清抗体，发现成人和儿童缺乏针对禽白血病病毒的血清学反应。但该结果不能证明人体中是否整合有禽白血病病毒的基因组以及是否存在病毒的复制等情况。

# 第二章　禽白血病的病原学

从禽白血病的历史中可以看出，人类对于禽白血病病原的认识经历了一个复杂的过程，世界各国科学家都曾做出了不同程度的努力。对禽白血病病毒的认识主要源于鸡的白血病病毒，且分离自鸡的白血病病毒毒株十分丰富。现在认为，禽白血病的病原是禽白血病病毒，共有 10 个亚群；2012 年，崔治中教授又提出了一个新的 K 亚群。下面介绍禽白血病病毒的一些生物学特性。

## 第一节　病毒的分类与命名

### 一、禽白血病病毒的命名与分类地位

禽白血病病毒（Avian leukosis virus，ALV），曾称为禽白细胞增生病病毒、鸡淋巴细胞性白血病病毒或禽白血病综合征病毒[145]，是以主要引起禽各种造血细胞肿瘤性增生为特征的一类反转录病毒群，其中，一些毒株最先分离于所谓的 Rous 肉瘤病毒（Rous sarcoma virus，RSV），所以，称之为 Rous 相关病毒（Rous associated virus，RAV）。根据良性肿瘤和恶性肿瘤，此群病毒又称为禽白血病/肉瘤病毒群（avian leukosis sarcoma groups of retrovirus，ALSV）。从 ALV 的命名中可以看出，禽白血病病毒是反转录病毒科中毒株十分丰富的一大群动物 RNA 病毒。表 2－1 简单列举了禽白血病/肉瘤病毒群的一些成员[279]。

根据国际病毒分类委员会（ICTV）第 9 次分类报告（2009 年）的 2012 年公布版本，所有登录的 ALV 病毒株属于反录病毒科

(*Retroviride*)、正反录病毒亚科（*Orthoretrovirinae*)、甲型反录病毒属（*Alpharetrovirus*)[176]。以前曾将 ALV 属于反录病毒科、肿瘤病毒亚科，甲型反录病毒属曾称为禽 C 型反录病毒属，禽白血病病毒也曾俗称 C 型肿瘤病毒，这些分类地位与名称目前已经基本不再使用。

**表 2－1　禽白血病/肉瘤病毒群**

| 病毒 | 成员名称 |
| --- | --- |
| 禽白血病病毒 (Avian leukosis viruses，ALVs) | 淋巴细胞性白血病病毒（Lymphocytic leukosis virus，LLV） |
| | 禽成红细胞性白血病病毒（Avian erythroblastosis virus，AEV） |
| | 禽成髓细胞性白血病病毒（Avian myloblastosis virus，AMV） |
| | 禽骨髓细胞瘤病病毒 29（Avian myelocytomatosis virus 29，MCV-29） |
| 禽肉瘤病毒 (Avian sarcoma viruses，ASVs) | 劳斯肉瘤病毒（Rous Sarcoma virus，RSV） |
| | Fujinami 肉瘤病毒（Fujinami sarcoma virus，FSV） |
| | UR2 肉瘤病毒（UR2 sarcoma virus，UR2SV） |
| | Y73 肉瘤病毒（Y73 sarcoma virus，Y73SV） |
| | MH2 禽肉瘤病毒（Avian sarcoma，Mill Hill virus 2，MHV-2） |

## 二、ALV 的亚群分类

根据病毒血清中和试验、在不同遗传型鸡胚成纤维细胞上的宿主范围、与相同或不同亚群成员的干扰模式、囊膜糖蛋白的特性以及基因组的分子生物学特性等，将禽白血病/肉瘤病毒划分为 A～J 共 10 个亚群（表 2－2)[174]，其中 A、B、C、D、E、J 亚群是从鸡中分离出来的。A～D 亚群及 J 亚群 ALV 是鸡的外源性病毒，E 亚群 ALV 是鸡的内源性病毒。A 和 B 亚群曾是商品鸡中最常见的外源性 ALV，引起经典的禽白血病。20 世纪 60 年代，A 亚群流行最广，B 亚群次之，鸡群中自然发生的淋巴细胞白血病和肉瘤，主要由它们引起。A 亚群各病毒密切相关，较为保守。B 亚群各病毒之间差异较大。C 和 D 亚群病毒报道较少，主要是田间病毒。到 20

世纪 80 年代末，国际上几乎所有大型种鸡公司已将经典的外源性 ALV-A、ALV-B、ALV-C、ALV-D 感染基本净化[296]。E 亚群则是普遍存在的内源性白血病病毒，存在于宿主细胞内，是病毒基因与宿主细胞 DNA 结合的产物，有低致病性或无致病性。F ~ I 亚群 ALV 分离自鸡以外的宿主动物。F 亚群分离自环颈雉[14]，G 亚群分离自金黄雉[15,16]和 lady Amherst 雉[164]，H 亚群分离自匈牙利鹧鸪[164]，I 亚群分离自冈比亚鹌鹑[15]，J 亚群是 20 世纪 90 年代初从肉鸡中分离到的[6,17,18]，G 亚群 ALV 拥有完全不同于鸡 ALV 的特性。

**表 2－2　ALV 囊膜亚群的原型和禽类宿主**

| 亚群 | 原型病毒 | 禽类宿主 | 特性 |
|---|---|---|---|
| A | RAV-1 | 鸡 | 外源性，常见，致瘤 |
| B | RAV-2 | 鸡 | 外源性，常见，致瘤 |
| C | RAV-49 | 鸡 | 外源性，少见，致瘤 |
| D | RAV-50 | 鸡 | 外源性，少见，致瘤 |
| E | RAV-0 | 鸡 | 内源性，不致瘤 |
| F | RAV-61 | 环颈雉 | 内源性，不致瘤 |
| G | 金色雉病毒 | 金色雉 | 内源性，不致瘤 |
| H | RAV-62 | 匈牙利鹧鸪 | 内源性，不致瘤 |
| I | 甘氏鹌鹑病毒 | 甘氏鹌鹑 | 内源性，不致瘤 |
| J | HPRS-103 | 鸡 | 外源性，常见，致瘤 |

不同 ALV 亚群间没有交叉中和反应，相同亚群间存在不同程度的中和反应。但近年来发现亚群内的某些毒株存在没有交叉中和反应的现象。

2012 年，王鑫等[277]从 180 日龄的中国芦花鸡中分离到 3 株病毒，分离病毒的 gp85 同源性与其他 ALV 亚群之间差异性较大，故暂命名为 K 亚群。另外，还有一些未知亚群的 ALV 分离株，如 TW-3593 株，但其 gp85 基因序列与属于暂定名为 K 亚群的

JS11C1、JS11C2 和 JS11C3 在相近的进化分支上[277]。考虑到两岸很多年来几乎没有鸡的交流，有研究者推论这是一个在中国各地土种鸡群中已长期存在的一个特有的亚群[277]。由于我国存在着许多不同遗传背景的地方品种鸡，今后还可能会发现其他新的亚群。

## 三、外源性和内源性 ALV

根据自然传播方式以及病毒复制的生物学特性，可将 ALV 分为外源性和内源性。分离自鸡的 ALV 属于 A、B、C、D、E 和 J 亚群，为外源性 ALV。鸡的 E 亚群 ALV 通常认为属于内源性 ALV，而 F、G、H、I 亚群也为内源性 ALV，但宿主不是鸡。

### 1. 外源性和内源性 ALV 的区别

在概念上，外源性病毒是指仅在感染宿主细胞时才发生基因组整合以完成复制过程，但并不是永久性地整合在宿主染色体上，不通过宿主细胞染色体传递的 ALV，而以病毒粒子的形式进行垂直和水平传播；内源性 ALV 是指前病毒 cDNA 可广泛地永久性整合进宿主细胞染色体基因组、通过宿主细胞的分裂而复制、通过染色体垂直传播（被称为基因型传播机制）的 ALV。

外源性病毒可以是全基因型的病毒粒子，也可以是缺陷型病毒基因组和辅助病毒囊膜组成的伪型[272]。内源性 ALV 是整合于宿主细胞染色体中的完整或缺失的前病毒 DNA 序列，若是基因组的不完全片段，不会产生传染性病毒，一般也与致病性无关，但若是全基因组，则能产生传染性病毒，不过这类病毒通常致病性很弱或没有致病性。

在分子水平上，外源性和内源性病毒在 LTR 区存在不同的序列。崔治中等[219]通过对大量不同亚群 ALV 分离株（包括大约 15 个国际参考株及约 20 个自行分离鉴定的我国分离株）的序列比较，发现有致病性的外源性 ALV 在其基因组 3′末端的 U3 独特区片段的同源性均在 80% 以上，而与无致病性的内源性 E 亚群 ALV 的 U3 片段间的同源性均在 40% 以下。

在致病能力上，一般外源性 ALV 致病性较强，可以引发症状明显的鸡白血病，而内源性 ALV 的致病性较弱或不致病[21]。

如何区分分离到的 ALV 是外源性的、还是内源性的 ALV？崔治中等[219]总结了目前常用的 2 种方法。

① 将肿瘤病料或其他待检样品（如血浆、蛋清等）接种于对内源性 E 亚群 ALV 有抵抗力的 DF-1 细胞上，培养 14 天后，再用商品化的 ALV p27 抗原 ELISA 检测试剂盒检测培养上清液或细胞裂解液中的 p27，如果检测出 p27 抗原，表明检测出外源性 ALV，或用相应的 ALV 特异性抗体做间接荧光抗体反应（IFA）来观察有无 ALV 感染。

② 从病料或样品中直接用 PCR 扩增 ALV 的 env 基因和 LTR，将选择到的 PCR 产物克隆送商业化公司做核酸测序，根据完整的 env 基因和 LTR 的序列比较，以确定是否存在有致病性的外源性 ALV。同时，崔治中等还介绍了其研制的检测鸡致病性外源禽白血病病毒的试剂盒，该试剂盒已获得我国发明专利（ZL201010230292. X）。

2. 内源性 ALV

内源性反转录病毒（endogenous retrovirus，ERV）是永久存在于所有脊椎动物基因中的一种前病毒 DNA 序列，随宿主基因组遗传复制。由于其涉及宿主动物基因组和外源性反转录病毒的进化、反转录病毒的致病机理等，近些年来受到广泛关注。现已证实，内源性类反转录病毒序列从低等生物到高等脊椎动物普遍存在。人类约有 7% 的基因是通过这类内源性反转录病毒获得的。

国际上对内源性 ALV 的报道主要来自蛋用型白莱航鸡品系，近几年来才开始研究其他品系鸡内源性 ALV。现已发现，随品系不同，其内源性 ALV 成分的表型也不同。因此，中国地方品系鸡中带有内源性 ALV 片段在核酸序列上是有较大差异的。

（1）内源性病毒　内源性病毒（endogenous virus，ev）是指正常鸡的基因组中与外源性 ALV 基因组十分相似的结构元件，一般不以病毒粒子形式进行传播，只作为鸡基因组的一部分按孟德尔遗传规律进行代次间的遗传性传递[19~20]。有人认为，内源性病毒可能是在长期进化中整合进生殖细胞系的外源性病毒。大多数内源性病毒是有遗传缺陷性的，不具备产生感染性病毒粒子所必需的反转录聚合酶基因，不会导致疾病和肿瘤[190]，但是，有些元件可产生E亚群ALV粒子，如代表株RAV-0。

① 内源性病毒的类型。目前，已知有几个内源性病毒家族，包含各类ev基因座的RAV-0家族、中度重复元件EAV（内源性禽类病毒，endogenous avian virus）[22,23]和禽反转座子ART-CH（avian retrotransposon from the chicken genome）家族[24]和高度重复序列元件CR1（Chicken repeat 1）家族[25]。这些成分存在的实际意义是目前很多研究的主题。这些元件的起源、进化关系和生物学意义还不是很清楚。从进化论角度分析，CR1最为古老，ev元件最为年轻。生物中广泛存在与其基因迁移有关的各种反元件（retroelemenis）即反座子和反转座子，它们是反转录病毒的进化前体，已经获得了作为传染性实体存在于细胞外的能力。

EAV-0：早期研究将缺乏类内源性反转录病毒ev所有拷贝的动物进行繁育并称为ev-0系动物。然而，用源自ASV（avian sarcoma virus）的一段克隆DNA可以松散杂交0系鸡的基因组DNA。这种内源性DNA序列即是EAV-0（endogenous avian retrovirus）的雏形。在宿主基因组中EAV-0存在约40～100拷贝，它拥有典型反转录病毒基因组的5′LTR-gag-pol-env-LTR-3′结构，仅env有缺失现象。现已发现，EAV-0存在于Gallus所有种属的基因组中。说明EAV-0序列比ev基因座更古老，或许代表了Gallus种属形成前的前病毒序列。内源性序列E13、E33和E51均属于此类。其中，只有E51拥有完整的env区，而E13具有特别的U5区，明显不同于其他ERV LTR中的U5区。这些发现说明，EAV-0是一类不均一的ERV。EAV-HP和ev/J是同一个内源性成分，其序列测定和进化树分析结果表明其属于EAV-0。

ART-CH：以ALV LTR中保守的序列片段为引物，可以用PCR扩增出基因组中的ART-CH。在禽基因组中约有50个拷贝，由功能性LTR和与ALSV gag、pol、env序列有同源性的DNA片段组成。ART-CH不能编码功能性蛋白，但转录的RNA可以包装进外源性 ALV 病毒子内，借助复制型 ALV 传播（类似于急性缺损性病毒传播机制）。

CR1 因子：是一种短的 DNA 重复单位，属于反转座子中的非长末端重复序列类，该反转录成分含有 RT 序列。多数此类 DNA 重复短链有普通 3′末端和几个含有开放阅读框架（open reading frame，ORF）的基因序列，但 5′端被不同程度的切缺。它的 ORF 编码反转录酶，宿主基因组中存在 7 000～20 000个这样的重复片段。在禽和爬行动物都能找到 CR1 的证据，说明它是古老的基因序列。

ALV-E 群：ALV-E 群 ERV 是了解比较清楚的 ev 基因座。已经证实蛋鸡中至少存在 22 个这样的类反转录病毒 ev 基因座，肉鸡可能更多。其中，E 亚群原型株 RAV-0（Rous associated virus-0）即是由 ev2 基因座编码的。多数 ev 基因座是缺损性的，只有少数能够编码与 ALV 相近的 ERV。由于 ev 基因座在家禽染色体上是分离存在的，拷贝数较低，而且仅限于家禽和原鸡（Red Jungle Fowl，RJF），所以，一般认为它是家禽进化中晚期整合的。

② 鸡 ev 基因座。在所有的内源性病毒元件中研究较多的是 ev 基因座家族中各成员，常采用限制性内切酶酶切片段长度多态性（RFLP）分析来鉴定。至今已经鉴定的鸡 ev 基因座有 29 个，估计共有 50～100 个，每只鸡平均携带 5 个。由于病毒 ev 基因的存在和未知的控制机理，各基因座的表型有很大差异。如 ev2 基因结构完整，自发或经化学诱导剂在细胞中产生 E 亚群禽白血病病毒颗粒子；缺陷型 ev 基因在细胞中也可以进行表达，但不产生具有感染性的病毒粒子；如 ev3 基因座带有 gag 和 env 基因，其寄主细胞含有 gs 抗原和 E 亚群病毒的囊膜糖蛋白，但 gag-pol 连接有缺失而不产生完整的病毒粒子。另外，鸡细胞基因组某个特定位点含有（稳定的整合）能复制可传染性病毒粒子的 E 亚群 ALV 的全基因组，如性染色体 Z 上与决定快慢羽相关基因 K 紧密连锁的 ev-21 位点，从这个 ev-21 可产生传染性病毒 EV-21。

ev 基因座的表达产物可通过 ELISA、间接补体结合试验（CO-

FAL）和鸡辅助因子（chf）试验来测定。ev 基因表达产生的囊膜糖蛋白可阻断细胞表面的细胞受体，使细胞对 E 亚群病毒失去易感性。ev 基因从父母代向子代的传播称为遗传性传播，完全表达的具有感染性的病毒粒子也可进行垂直传播和水平传播。E 亚群 ALV（代表株 RAV-0）的致肿瘤能力很弱或根本没有致肿瘤能力。

③ ev 存在的特点。

a. ev-2 和 ev-11 的寡核苷酸与其他至少一种前病毒共有。可以断定它们来源于一个与 RAV-0 极为相似的病毒，但与 RAV-0 不可能由同一个祖先病毒演化而来，因为 ev-2 与几个其他 ev 病毒的 sac I 限制性内切酶切割位点不同。

b. 3 个前病毒（ev-3，ev-7，ev-10）因带有 602 位寡核苷酸，形成了一个与其他 ev 截然不同的分支。但带有它们的细胞的显型是明显不同的，尽管由同一个病毒演化而来，却不在同一品系鸡产生。ev-10 产生传染性的病毒，ev-7 产生非传染性的病毒，ev-3 由于在 gag-pol 连接处有一个缺失，是缺陷型的，但是，会表达大量的囊膜糖蛋白。

c. ev-1 与其他基因组关系不大，但 ev-1 是白莱航鸡最普通的研究位点，对它的寡核苷酸组成和序列资料分析表明，它与其他前病毒来源不同。ev-l 前病毒经分子克隆及测定不同拷贝的 LTR 核苷酸序列发现两个拷贝的 LTRS 各有一个寡核苷酸（617，612）不同于其他位点的前病毒。最可能的原因是前病毒基因组的 U3 和 R 区产生单个突变后，又进行了复制。另一个解释是在一个前病毒 LTR 发生单个突变并与其他基因的 LTR 基因交换后又被复制。

d. Sabour 等[156]对肉鸡中 ev 位点的研究发现，肉鸡中带有比蛋鸡更多的 ev 位点，这些 ev 位点的功能有的类似于白莱航鸡，其表型特征已被阐明，有的是不同肉鸡系特有的内源性病毒序列，其功能尚不明确。

（2）其他内源性 ALV　从其他禽类中分离到的病毒亚群包括 F、G、H 和 I 等。很多白血病/肉瘤病毒的实验室毒株都属于遗传缺陷型，而且缺乏病毒囊膜基因，它们属于辅助白血病病毒亚群。

（3）内源性 ALV 的生物学效应　一般情况下，内源性病毒存在有时有利，有时有害，利弊是由外界条件决定的。它可引起一种或多种生物效应[19]。

保护效应　某些感染内源性病毒的细胞，对相应外源性病毒的感染不敏感，这可能是由于内源性病毒表达的蛋白（如 env）干扰外源性病毒和细胞受体结合，而引起免疫耐受，使免疫系统不能识别感染细胞，弱化了免疫病理过程。

病理效应　鸡在胚胎期感染内源性病毒，则特异性体液免疫受到抑制，若继发感染外源性 ALV，则诱发强烈的持续性病毒血症，产生更严重的肿瘤。有报道内源性病毒 ev 基因对鸡的产蛋率、蛋的大小、蛋壳的厚度有不利影响。但是，内源性 ALV 对外源性 ALV 的流行病学调查、诊断及防制造成极大干扰[21]。

3. 外源性 ALV

外源性 ALV 是引起禽白血病的主要病原。因此，本书后面的内容中基本上都是阐述的外源性 ALV 的相关内容。

（1）ALV-A 和 ALV-B　ALV-A 和 ALV-B 是引起经典禽白血病的 ALV。目前，在临床上还能分离到。

（2）ALV-C 和 ALV-D　ALV-C 和 ALV-D 在临床上非常少见，对其研究的非常少。

（3）ALV-J　ALV-J 为某种 ALV 和禽内源性反转录病毒囊膜（E51）的重组体[11]，既具有 ALSV 群中其他病毒的一些特征，又与其不同。分析源自不同地区和国家的 ALV-J 毒株基因组证明，它们源自共同的祖先，且已形成相对稳定的遗传基础。

ALV-J 亚群表型的决定因素是位于病毒表面、由 env 基因编码、与宿主细胞受体相互作用的表面囊膜蛋白 gp85[26]。J 亚群因对骨髓源性细胞具有特别的亲嗜性而明显区别于其他亚群[27]。

ALV-J 有宿主范围广泛、感染率高、传播速度快、致死率高等特点，给养鸡业造成了严重的危害和巨大的经济损失。ALV-J 是从肉鸡体内首次分离，后来在蛋鸡及地方品种鸡中也发现了自然感染病例[28]。Payne 和 Williams 曾通过实验室接种病毒发现蛋鸡对

ALV-J易感[29,30]，2002年Gingrich发现在用于产蛋的白莱航商品蛋鸡出现骨髓细胞瘤，引起产蛋下降，经过病毒分离发现一种含有ALV-J的LTR和ALV-B env基因的重组病毒[31]。成子强等[20,32]在我国特有鸡种麻鸡中检出了ALV-J，张丹俊等[33]在黄羽肉鸡中也检出了ALV-J，这表明J亚群白血病正在向蛋鸡、地方鸡种传播，其宿主范围正在明显扩大。至今没有任何品种的肉鸡显示对此病毒的感染有遗传抵抗力。

## 四、ALV的转化型分类

根据潜伏期和诱发肿瘤范围的不同，将ALV分为急性转化型病毒和慢性转化型病毒。

（1）急性转化型ALV　含有致瘤基因，可在数天或数周内引发肿瘤性转化后发生肿瘤，被称为禽肉瘤病毒和缺损性白血病病毒，其中主要是实验室增殖的毒株，如禽成髓细胞性白血病病毒、禽成红细胞性白血病病毒、肉瘤病毒等，这些毒株缺乏env和/或pol基因，而携带有myc（mylocytomatosis oncogene）、myb（myeloblastomatosis oncogene）等癌基因，可迅速转化宿主细胞。

（2）慢性转化型ALV　具有典型的完整反录病毒基因组结构，但不含致瘤基因，需要启动细胞肿瘤基因而引发细胞转化和肿瘤形成；因引发肿瘤需要数月或更长的潜伏期，被称为复制完整型禽白血病病毒，其中，主要为野外分离毒株，A、B、C、D、J亚群常为慢转化型ALV。ALV-J在最近十几年中不断发生变异，从慢性致瘤病毒逐渐演变成急性致瘤病毒。

## 五、缺陷型ALV

缺陷型禽白血病病毒是指外源性禽白血病病毒部分基因缺失而形成的缺损病毒。与内源性反转录病毒不同，这种缺陷型禽白血病病毒是自发突变或是实验性突变的结果。缺陷的部位可以发生在禽反转录病毒基因组的不同位点上。复制所需基因发生缺陷的缺陷型禽白血病病毒称为复制缺陷突变体（replication defective mutants, rd)。对于含有致瘤基因的禽肉瘤病毒，如果缺陷发生在致瘤基因，则缺陷突变体失去快速转化细胞的能力，这些毒株称之为转化缺陷突变体（transformation defective mutants，td)。此外，还有一类突变体是在一定条件下表现出来的条件突变体，如温度敏感突变体(temperature sensitive mutants，ts)。

所有急性禽白血病病毒均属于复制缺陷突变体，理论上这些缺陷型急性禽白血病病毒是在细胞中获得细胞源性原癌基因，同时损失了复制相关基因后形成的，如 MC29、AEV、MH2、CMII、OK10、966 等毒株。由于携带致癌基因，因而可以快速转化细胞。然而，复制相关基因的缺失使它们依赖于辅助病毒的存在才能完成复制过程，这就形成缺陷型禽白血病病毒与非缺陷型禽白血病病毒在宿主细胞中共存的现象。在一些禽白血病病毒感染的典型病例中可以分离到缺陷型禽白血病病毒，它们在体内和体外感染试验中可以迅速转化细胞。

在重组过程中，其原本完整的基因组结构常常会因肿瘤基因的获得而发生部分置换或缺失，通常情况下会缺失全部 pol 基因，gag 和 env 基因部分缺失，因此其基因组结构组成是 5′LTR-Δgag-onc-Δenv-3′LTR。由于它不能编码 SU、TM、IN、RT 等生产传染性病毒粒子所必需的结构/功能蛋白，致使此类病毒不具备复制能力，在这种情况下，它便需要具有完整复制能力的慢性转化型病毒作为“辅助病毒”，借助它们所编码的衣壳、囊膜蛋白等包装自己的核酸芯髓来完成增殖下一代病毒粒子的任务。

同样，Rous 肉瘤病毒的复制缺陷突变体也必须依赖辅助病毒才能产生感染性的子代病毒。这些辅助病毒的分离毒株就是早期被称作的 Rous 相关病毒（Rous associated virus，RAV)。在实验室检测中，Rous 肉瘤病毒的复制缺陷突变体，如 BH-RSV（Bryan 高滴度 Rous 肉瘤病毒)，具有非常重要的实用意义。BH-RSV 是缺失囊膜基因的复制缺陷突变体。其在感染鸡胚成纤维细胞后可以复制病毒 RNA，产生 gs 抗原，而且它携带 src 基因可以快速转化细胞。但 env 基因的缺失导致产生不完整的子代病毒，没有感染性，即不能进入新的宿主细胞。然而，将一种非缺陷型禽白血病病毒加入这一病毒-宿主体系中时，缺陷型 BH-RSV 将会与作为辅助病毒的非缺陷型禽白血病病毒之间发生基因互补，发生表型混合的现象，产生感染性的 RSV。这种感染性的子代 RSV 获得了辅助病毒的 env 基因，具有禽白血病病毒囊膜特性，称其为假型（ pseudo-types）。与 RSV 相同，由于假型很容易在实验室宿主系统进行定量测定，因此，适当的假型常可代替禽白血病病毒来进行禽白血病病毒囊膜特性的分析。

## 六、毒株的分类与命名

禽白血病/肉瘤病毒群所有的毒株均具有共同的群特异性（gs）抗原，其是区别于其他禽反转录病毒群的基础。根据毒株的病变型和囊膜特性可对群内毒株进行分类与命名。

1. 病变型

诱发肿瘤需要较长时期的禽白血病/肉瘤病毒（慢转化型病毒）被称为禽白血病病毒，而引起急性肿瘤的病毒称为禽肉瘤病毒或急性白血病病毒。因此，禽白血病病毒和禽肉瘤病毒是该群病毒的总称。

2. 囊膜特性

囊膜的生物学特性决定了毒株的感染宿主范围、中和活性和不同毒株的感染干扰。因此，无论禽白血病病毒或是禽肉瘤病毒均可根据毒株的囊膜特性进行亚群分类。

3. 毒株命名[174]

习惯上，根据病毒的病变型给予全名或缩写名，用附加词表示来源，如 RSV（Rous 肉瘤病毒）。附加词可以表示毒株所在地，如 RPL12-LLV（地区家禽研究室的淋巴细胞性白血病病毒分离毒株 12）。RSV 亚株的命名可以在附加词中加上研究者或所在地，如 BH-RSV（Bryan 氏高滴度 RSV 株），BAI-AMV（白氏成髓细胞白血病病毒株），PR-RSV（Prague RSV 株）（Prague 为地名），也可以带上亚群的属性，如 PR-RSV-A、AMV-BAI-A。

从相关病毒的种毒中分离的辅助病毒如 RAV-1（Rous 相关病毒-1）也在名称上予以表示。

此外，有些著名毒株沿用了最初未定性时的名称，如 HPRS-103（Houghten Poultry Research Station）。

最近，国内对毒株的命名有一种倾向，用“省名 + 分离年 + 分离地区 + 毒株编号”的方式，如 JS09GY2、JS09GY07、SD07LK1 等。

## 第二节　病毒的形态与结构

### 一、ALV 的形态与大小

禽白血病病毒是具有脂囊膜的反转录 RNA 病毒，病毒粒子近似球形（如图 2 - 1）[278]，整个病毒粒子的直径平均 90nm（80 ~ 130nm），病毒衣壳呈 20 面体对称[19]。ALV-J 病毒粒子近似球形，平均直径约为 100nm（80 ~ 120nm）[11]。在某些干燥情况下，病毒粒子容易变形。

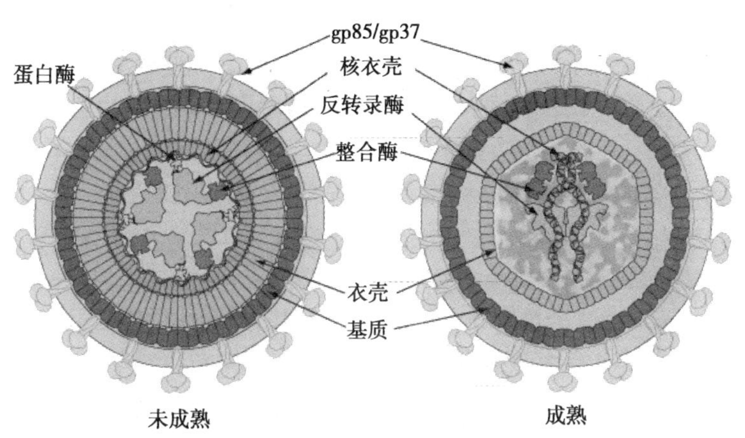


图 2 - 1　ALV 病毒粒子模式

## 二、ALV 的结构

在电子显微镜下，超薄切片中的 ALV 病毒粒子可以分为 3 层（如图 2-1 和图 2-2）：外层是源于宿主细胞膜的类脂质囊膜，表面分布有特征性的放射状突起即纤突，直径约 8nm；中层是病毒的内膜，为 20 面体衣壳，直径约为 60nm；最内层是致密的核心，直径为 35～45nm，核心结构由二倍体 RNA 和核衣壳、反转录酶（RNA 依赖的 DNA 聚合酶）、整合酶、蛋白酶组成[35]。中层和最内层构成内部结构，直径为 35～45nm[36]。

病毒粒子外层囊膜由膜表面糖蛋白、跨膜糖蛋白和病毒脂质膜构成。球状的膜表面糖蛋白亚单位与嵌入病毒脂质膜的杆状跨膜糖蛋白亚单位相连。病毒脂质膜由病毒在宿主细胞出芽时获得，其成分与细胞膜基本相同。

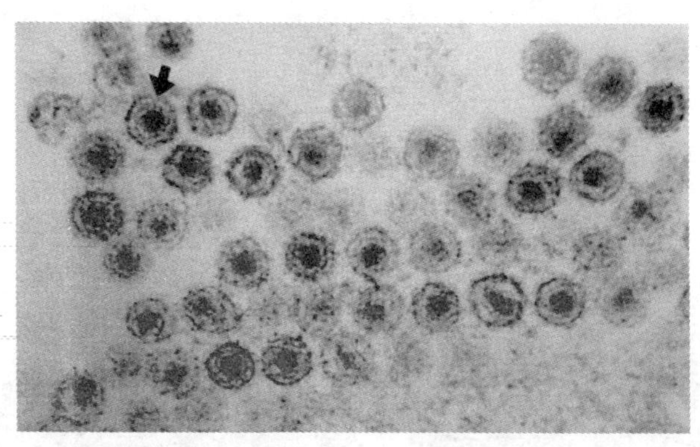

**图 2-2 ALV 电镜照片**

（鸡成纤维细胞外的禽白血病病毒，箭头指示粒子中央部的圆形病毒核芯，李成摄）

## 三、ALV 的化学组成

病毒全部化学组成包括：脂类、蛋白质、核酸和糖类。

1. 蛋白

蛋白占病毒粒子的 60%～65%。蛋白主要是一些蛋白质和酶类。核心蛋白（gag）基因编码至少4种非糖基化蛋白，囊膜（env）蛋白基因编码2种糖蛋白。此外，病毒粒子除含有病毒多聚酶（pol）基因编码的反转录酶活性外，还有多种随机包装进入病毒粒子的细胞酶类物质：RNA酶、DNA酶、蛋白激酶、RNA甲基化酶等，来源于感染鸡血细胞或成髓细胞培养物的ALV，在从细胞膜出芽释放的过程中，将细胞膜的腺苷三磷酸酶（ATPase）一起带入病毒粒子中，其他来源的ALV不具有ATPase活性。

2. 脂类

脂类占病毒粒子的30%~35%。ALV的脂类主要存在于囊膜中。ALV的囊膜是病毒出芽时从宿主细胞获得。从其磷脂组成来看，宿主细胞膜和病毒囊膜有很高的相似性，某些成分比例的明显差异可能与出芽的部位有关。

3. 核酸

核酸主要RNA，约占病毒粒子的2.2%，另外还有可能来源于细胞的少量DNA。

4. 糖类

病毒的糖类主要在蛋白的糖基化位点上。不同J亚群毒株env的碳水化合物合量亦有差异，ADOL-Hc1和ADOL-4817 env糖基化位点分别为17个和15个，而且糖肽的大小有较宽的范围[12]。

## 第三节　病毒的理化特性与抵抗力

### 一、理化特性

ALV在蔗糖中的浮力密度为1.15~1.17 g/cm$^3$，这是该型反转录病毒的特征。

### 二、抵抗力

ALV对外界环境的抵抗力很弱，在外界环境中存活的时间比较短[36]。

1. 温度

ALV 在高温下快速失活，60℃ 42s 即失去活性，56℃ 30min 失活，在37℃下的半衰期为100～540min，平均约260min。这与病毒所存在的介质、组织来源和毒株有关。

热不稳定性是影响病毒保存的重要因素。在-15℃时半衰期不超过1周，在－60℃（干冰、低温冰箱或液氮）以下才能保存几年而不降低感染力。反复冻融可引起病毒裂解并释放群特异性抗原。

2. pH 值

在 pH 值为4.5～9 时，对 ALV 是稳定的，超出这一范围，灭活率显著升高。

3. 紫外线

对紫外线有很强耐受性。对于紫外线照射的抵抗力比新城疫病毒（NDV）大10倍，某些野外分离株也具有类似的能力。

4. 脂溶剂和去污剂

ALV 的囊膜含大量脂类，其感染性可被乙醚、甲醛、脂溶剂（如氯仿）等破坏。去污剂如十二烷基磺酸钠（SDS）、NP-40、Triton X-100 可裂解病毒粒子并释放出 RNA 和核心蛋白，这一性质通常被用于病毒基因组的提取。

5. 蛋白酶

某些蛋白酶能够去除病毒粒子表面的部分糖蛋白。

## 第四节　病毒的基因

### 一、ALV 的基因组

ALV 基因组是单股、正链、线性 RNA（ssRNA）的二聚体，主要为60～70S RNA 和4～5S RNA。70S RNA 经过加热可以分解为两个约 38S、3.3MD 的 RNA 分子，是病毒的基因组。4～5S

RNA 主要为病毒宿主 tRNA。两个相同的 RNA 分子在 5′端附近经氢键连接成 70S 的 RNA，这两个 RNA 分子间的相互作用可能在反转录过程中起调节作用。不同 ALV 毒株中全基因组的大小略有差异，一般单体长 7.6～7.8kb，已报道的非缺陷型 ALV 毒株基因组全长约 7.2kb。病毒粒子中的 RNA 不具有感染性[157]。

基因组 RNA 单体的结构与真核细胞的 mRNA 相似，5′端为甲基化的帽子结构（m7GpppGmp），3′端为多聚 A（polyA），两端为非编码区（untranslated region，UTR），中间为编码区，含有编码基因，从 5′到 3′依次为 gag-pol-env。ALV 基因组结构图如图 2－3 所示[145]。肉瘤病毒等急性转化病毒还含有与致瘤转化有关的序列，如肉瘤病毒的结构基因为 gag-pol-env-src。

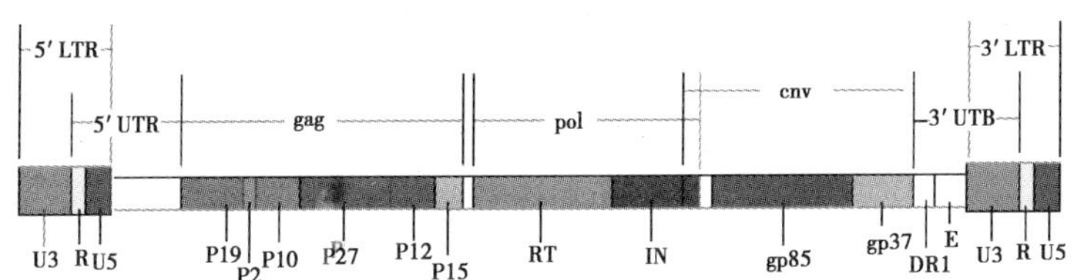


**图 2－3　ALV-J 的基因组结构示意**

反转录病毒是唯一的二倍体病毒（diploid virus），即其病毒粒子中含有两条一样的 RNA 基因组链，两分子 RNA 在各自的 5′端通过氢键相连接。一分子的基因组 RNA 还与一分子特异的来源于宿主的 tRNA 相连，成为病毒 RNA 反转录过程中生成 DNA 的引物。反转录病毒的 RNA 不作为 mRNA 直接表达，而在宿主细胞内，反转录出 cDNA，插入到宿主细胞的基因组中，以前病毒（previrus）的形式存在，从该 cDNA 转录产生病毒颗粒中的病毒基因组 RNA。前病毒 DNA 拥有病毒 RNA 的相同基因组序列，仅在两端延长形成 U3-R-U5 重复序列，称为长末端重复序列（long terminal repeat，LTR），与病毒 RNA 的复制和翻译有关。

反转录病毒的一个显著特点是它们的遗传不稳定性和多变性，这样就可能造成病毒编码的序列发生高错率和高重组率。与其他反转录病毒一样，由于病毒 RNA 的复制缺乏校对机制，ALV 的基因组极易发生变异。在免疫压力存在或缺失的情况下，两个高度异源性的病毒可能发生重组，并自然筛选出新的病毒，如秦爱建等[42]分析认为，ALV-J ADOL-4817 的 env 基因可能来源于外源性和内源性 ALV 的重组和进化。

## 二、ALV 的基因

1. UTR 区

（1）ALV 的 5′UTR 区　由 274～382 个核苷酸组成，由末端重复序列（R）、5′端独特区（5′ unique region，U5）、前导序列或先导序列（leader sequence）和引物结合区（PBS）组成（图 2－4）。

**图 2－4　ALV 的 5′UTR 区结构示意**

“帽子”位点：在 5′端，是病毒 RNA 5′端的第一个核酸编码序列，以 5′-5′连桥连接在甲基化的核糖体上形成“帽状”结构，与 RNA 转录成前病毒 DNA 有关。

R 区：与 3′端的 R 区核苷酸序列完全相同，位于基因组 RNA 的 5′端帽子结构的下游，为 20～21 个核苷酸残基，存在多聚腺化信号序列（AAUAAA）；在反转录过程中，R 区与新合成的 DNA 从基因组的一端跳至另一端有关，同时也是反转录酶发生作用时必需的。

U5 区：位于基因组 RNA 的 5′端的重复区和引物结合区之间，约 80 个核苷酸残基，与反转录过程的起始、前病毒 DNA 的整合、病毒 RNA 的合成等有关。

引物结合区：或者称之为引物黏着位点（primer binding site，PBS），由 18 个核苷酸组成，与引物 tRNA 的核苷酸互补结合，反转录生成 DNA 并延伸；有时也将其划入前导序列中，为一个功能区。引物结合区可存在一些突变，出现较多的缺失突变和普遍的替换突变[212]。吴小平等[197]通过 PCR 和序列分析技术，发现分离自血管瘤和骨髓瘤并存的商品蛋鸡的两株 ALV-J 的引物结合区中存在着极为罕见的 19bp 的插入突变。

前导序列：位于 gag 基因起始密码和引物结合区之间，含有两个功能区或重要片段，一个功能区为剪辑供体位点或剪切体接着位点（splice donor site，SD），前病毒基因组转录后剪切产生的 mRNA 剪切体均与该位点相连接有关，另一个功能区为包装信号（packaging sequences），包装信号位于 SD 序列下游，是基因组 RNA 包装入病毒粒子的必需信号，可以使 gag 蛋白识别转录后全长的病毒 RNA 装配入病毒子。

（2）ALV 的 3′UTR 区　ALV 的 3′UTR 区在不同亚群或同一亚群的不同毒株之间核苷酸大小差异很大，由末端重复序列（R）、3′端独特区（3′ unique region，U3）、聚嘌呤段（PP）和 3′端非翻译区组成（如图 2－5）。

R 区：位于基因组 RNA 的 3′端多聚 A 尾的上游，其核苷酸序列和功能与 5′端的 R 区相同。

U3 区：为 224～233 个核苷酸残基，位于基因组 RNA 的 3′端的聚嘌呤段和 R 区之间，其功能大多是在 RNA 反转录生成 DNA 后发挥作用，相当于一个真核生物的启动子；U3 区含有真核细胞启动子的核心序列如 TATA 基序（motif）、CAAT 基序等，与病毒复制、转译、致瘤等密切相关[158]；细胞中许多调节 DNA 复制、转录的反式因子的作用位点也位于该区；U3 区的 5′端区域含有多种增强子序列，禽白血病/肉瘤病毒群的主要增强子元件是 IR2（imperfect repeat，IR），构成转录增强子序列 EFII 黏着位点，增强子可与病毒和细胞的反式作用因子相互作用，以顺式方式控制转录效率，同时增强子有细胞特异性，在一定程度上决定了病毒的宿主范围；增强子序列下游还有其他重要的几个序列，包括 CCAAT 盒（一般上游元件）和 Hogness 盒，这些调节因子对于前病毒的高效转录发挥着重要作用。

聚嘌呤段（PP）：位于基因组 RNA 的 3′端的 U3 区上游，是至少有 9 个 A 或 C 残基组成的一段序列，是正链引物的结合位点，是合成前病毒正链 DNA 的起始位点，也是反转录酶 RNA 酶 H 的作用位点。

3′端非翻译区：位于基因组 RNA 编码区和 U3 区之间，很短但长度变化很大，与病毒的整合有关。在有些病毒，该区还与结构蛋白编码区重叠。

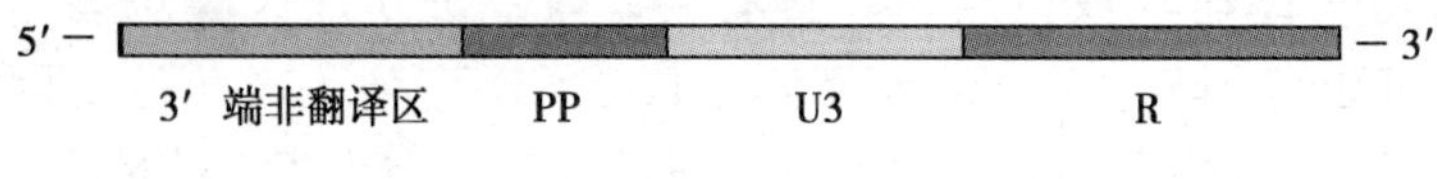


图 2－5 ALV 的 3′UTR 区结构

J 亚群 rTM 序列的下游也含有一个其他亚群存在的单拷贝正向重复单位 DR（direct repeat），但在 DR 下游形成一个以前仅在急性转化型 Rous 肉瘤病毒 src 基因上游或下游发现的 E 元件（或称为 XSR，exogenous virus-specific region）。E 元件约 150bp。不同 J 亚群毒株其大小略有差异，且许多 J 亚群毒株此区段发生缺失性突变。国内分离的 J 亚群毒株其 3′端非编码区域 U3 区和单拷贝正向重复序列 DR 区高度保守，但 E 元件在国内 ALV-J IMC10200、SDC2000、SD9901、YZ9901 4 个病毒株形成 139 个碱基的完全缺失，且 4 株均以相同的 11 个碱基短链所取代。尽管 E 元件的功能还不十分清楚，但它含有转录因子 c/EBP 的黏着位点且可发挥增强子的功能。有人认为 E 元件对于肿瘤产生来说并不是不可或缺的，因为许多致癌的反转录病毒都缺少该元件[209]。

（3）UTR 的差异性

① 3′UTR 的差异性。反转录病毒发生高错率和高重组率的序列一般位于 3′UTR。在 A ~ D 亚群 U3 区拥有的 IR2 序列在 ALV-J 原型株 U3 区中缺失。急性转化型缺损病毒 MC29、MH2 等亦有同样的缺失。国内学者曾对不同地区的分离株 3′端非编码区的研究结果表明，YZ9901 和 SD9902 株在 E 成分片段中有一段 139 个碱基序列的完全缺失，代之以另外一段 11 个完全无关的碱基序列[13]。郭桂杰等[28]通过研究测得的 SD07LK1 株的 3′UTR 与 HPRS-103 株

的变异接近8%，与ADOL-7501株的变异接近9%，而与NX0101株的变异高达14.9%，主要是由于SD07LK1株的3′UTR包含“E（XSR）”区成分（7 248～7 396bp），而NX0101株、美国的野毒株4817和目前来源于白羽肉鸡的其他国内毒株在此处均有不同程度的缺失[64]。这在一定程度上揭示了蛋鸡分离株SD07LK1株与从白羽肉用型鸡分离的中国毒株有着不同的来源[28]。

张青婵[145]通过研究，推测认为ALV基因组中U3区带有的转录调控元件类型与ALV在DF-1细胞上复制水平的差异有关。Lupiani等[159]用两株带有ALV-A gp85基因和ALV-J LTR的重组病毒r5701A（3′UTR无E元件）和r6803A（3′UTR有E元件）感染1日龄$15I_5 \times 7_1$系鸡，结果发现两株重组病毒感染鸡的病毒血症、排毒和抗体反应是一致的，但肿瘤发生率差异较大，而r5701A与ALV-A亚群病毒RAV-1的肿瘤发生率一致，r6803A与ALV-J亚群病毒ADOL-Hcl一致，他们认为，两株重组病毒的致病性差异不仅与病毒的囊膜糖蛋白有关，而且与基因组中3′UTR区的其他元件也有关系。

② 5′UTR的差异性。J亚群非翻译的先导区序列Leader中除了其他亚群中的3个起始密码子ATG外，于第二和第三个ATG间增加了2个ATG。这种上游多位点起始密码子的功能尚不清楚。

2. LTR区

ALV前病毒基因组的两末端具有两段结构完全相同的长末端重复序列（LTR），LTR分别由3′独特区U3、短重复区R以及5′独特区U5三部分组成（如图2-6）[174]，主要负责病毒复制、转译、RNA加工以及病毒整合于宿主基因组等。外源性病毒LTR的大小在320bp左右，内源性病毒LTR的大小在280bp左右。ALV-J的LTR区长度为325bp，其中，U3为224bp，R为21bp，U5为80bp。外源性ALV之间LTR的同源性在90%以上，与内源性ALV LTR的同源性最高只有70%左右。赵冬敏[163]通过同源性分析认为，不同毒株间U3、R和U5的同源性与毒株所属亚群没有相关性。有的同一亚群内毒株的LTR的同源性比不同亚群的LTR低很多[181]。

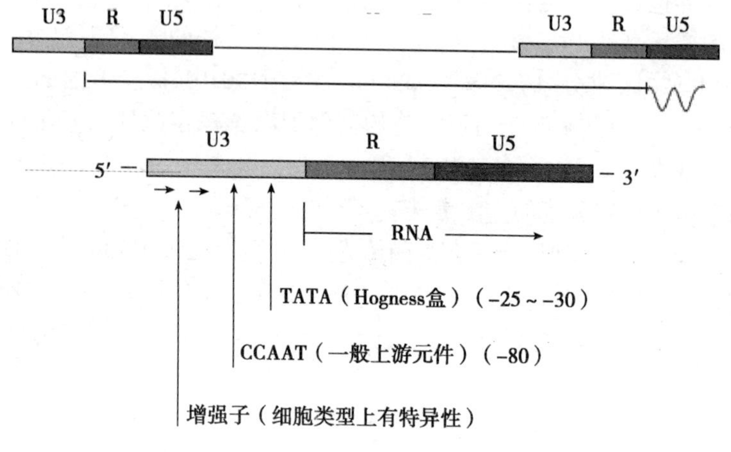


**图 2-6　ALV 的 LTR 区结构**

R 和 U5 区在各个亚群间高度保守，尤其是 R 区域，有时在不同亚群之间的同源性可达 100%。U3 区域有多种重要的转录调控元件，在病毒复制和转录过程中起调控作用，容易在病毒复制传播过程中发生变异，因此，U3 区域在不同亚群间存在差异。在 A～D 亚群，U3 区拥有的 IR2（构成转录增强子序列 EFII 黏着位点）序列在 J 亚群原型株 HPRS-103 U3 区缺失。急性转化型缺损病毒 MC29、MH2 等亦有同样的缺失。石敏[201]分离的 ALV-J SCDY1 株的 non-functional TM 和 E 元件序列几乎完全缺失，在 3′UTR 的 U3 区也出现了 11 个连续核苷酸序列的缺失。ALV-J 的 LTR 序列中含有一个单拷贝的 E 组分，也称作为 XSR，不同毒株的 E 序列存在一定的变异。HPRS-103 的 E 组分与其他 J 亚群毒株相比，缺失了 6 个碱基。关于 E 组分的功能还不清楚，但是，E 组分过去仅发现于有复制能力的急性转化性肉瘤病毒 RSVs，目前认为，其与 ALV-J 的致肿瘤性有关。

ALV 和 RSV 的 LTR 是强转录增强子和启动子单位，可以在许多细胞类型中利用细胞内的转录因子达到高水平的转录。LTR 启动活性的强弱与 ALV 的致瘤性的强弱密切相关，而内源性病毒的致肿瘤作用很弱[44]。ALV-J 的 LTR 在致骨髓细胞瘤病方面可能发挥很重要的作用。

张青婵[145]将两株 ALV-A（LTR 区差异很大，一个是外源性的，一个是内源性的）接种 1 日龄 SPF 鸡，结果 LTR 外源性的毒株在鸡群中生产了高水平的持续性病毒血症和泄殖腔排毒反应，且造成鸡群的接触感染，而 LTR 内源性的毒株仅引起鸡的一过性病毒血症，泄殖腔排毒反应很低，且较难造成接触感染；在细胞培养上清中，LTR 外源性的毒株的滴度比 LTR 内源性的毒株高 100 倍，推测认为 ALV 基因组中 LTR 序列与 ALV 的感染能力和细胞培养特性的差异有关；LTR 内源性的毒株导致低水平 p27 抗原的表达，从而使感染该外源性病毒的鸡逃逸检测而造成广泛传播，以致给禽白血病的净化造成干扰，这应该引起养殖业和相关机构的重视。

3. Leader 区

ALV-J 原型株 HPRS-103 的非翻译的先导区序列 Leader 中除了其他亚群中的 3 个起始密码子 ATG 外，于第二和第三个 ATG 间增加了两个 ATG，可以引进编码 gag 的大开放阅读框。但这种上游多位点起始密码子的功能尚不清楚。

4. 编码区

ALV 基因组 RNA 的编码区含有 3 个编码基因，从 5′端到 3′端依次为 gag-pol-env，形成 3 个大的开放阅读框（ORF）。gag 基因和 pol 基因在各亚群之间比较保守，而 env 基因在各亚群间有较大差异。

（1）gag 基因　约 2 100bp，序列高度保守，A、B、C、D 亚群和 J 亚群同源性在 96% 以上。gag 基因可编码由约 702 个氨基酸组成的多聚前体蛋白 Pr76，在病毒蛋白酶 p15 的作用下，加工形成 3 ~ 6 种成熟的非糖结构蛋白，从氨基端到羧基端依次为 p19、p10、p27、p12、p15。其中，p27 基因是禽白血病病毒不同亚群之间的一段高度保守的基因[45]。在外源性 ALV（A、B、C、D、J）各亚群间同源性高达 90%，ARV 和 MAV-1、RAV-2 的 p27 基因十分相似，在 720 个碱基中，分别只有 5 个和 9 个碱基不同，AMV

和 PR-RSV-C 的 p27 基因也十分相似，有 13 个碱基不同，导致 3 个氨基酸不同。

（2）pol 基因　2 618bp，是所有 RNA 病毒都具有的基因，它是以 RNA 为模板产生病毒 RNA 分子所必需的。这一基因是病毒基因组插入细胞染色体的关键。pol 基因主要编码产生反转录酶 p68 和整合酶 p32。p68 负责以病毒 RNA 为模板产生前病毒 DNA。如果没有这种酶，病毒的生活周期将不会完成。p32 参与前病毒 DNA 整合于宿主染色体，是病毒基因组插入细胞染色体的关键。

与其他 A、B、C、D 亚群的相比，ALV-J 原型株 HPRS-103 pol 基因下游第 5 346碱基位为终止密码子，由其所翻译的酶蛋白短 22 个氨基酸，编码的酶蛋白分子量为 68kD[12]。

（3）env 基因　图 2－7[42]示意了 ALV-J HPRS-103 株的 env 基因结构。env 基因主要编码 ALV 的囊膜蛋白。秦爱建等[42]通过 PCR 方法扩增出 ALV-J ADOL-4817 毒株的囊膜蛋白 env 基因大小为 1 746bp，其中 gp85 和 gp37 由 1 554bp组成，该基因的第 526、645、754、1 617和 1 742位点有 TATA。env 基因与病毒的抗原性、组织亲嗜性以及毒力密切相关，是 ALV 致肿瘤的关键基因[47]。对 ALV-J 而言，env 基因的变异决定了 ALV-J 毒株的变异，不同 ALV-J 毒株间的 env 基因同源性差异很大，而且越是新分离的野毒株，其与 ALV-J 原型毒株 HPRS-103 的同源性越小[48]。有人认为，这或许与外源性病毒在宿主中受到的免疫压力和 pol 基因编码的聚合酶低精确性转录有关[59]。

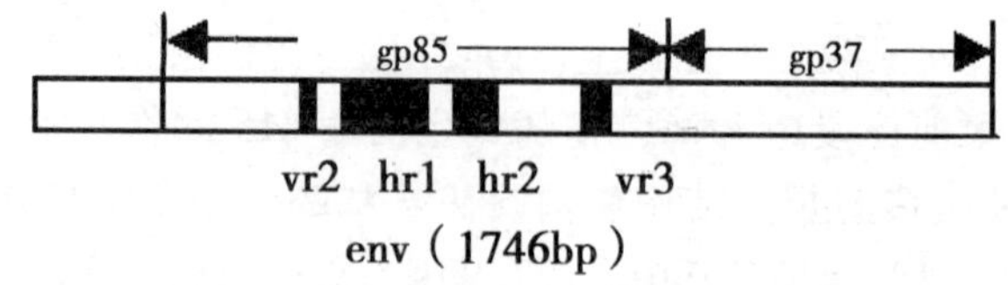


**图 2－7　ALV-J 原型株 HPRS-103 的 env 基因及变异区**

gp85 基因中心区域含有 2 个高变区或宿主范围决定区（Hypervariable region or hostrange, hr) hr1、hr2 和 3 个可变区 (Variable region, vr) vr1、vr2、vr3[52,53], 其顺序为 vr1→vr2→hr1→hr2→vr3[54]。不同毒株的差异性主要表现在高变区 hr1、hr2 和可变区 vr3[46]。这些区域决定亚群的特异性中和反应形式[49], 区域中某一个碱基或某一个氨基酸的改变将影响病毒的特性[52]。ALV-J HPRS-103 毒株的 gp85 基因与其他亚群 ALV 相比, 缺少 93～126 个碱基对[55]。秦爱建等[42]发现, ALV-J ADOL-4817 株 env 基因变异的碱基分散在整个 env 基因中, 但主要集中在高变区 hr1 (105～161)、hr2 (182～204)、vr3 (236～248) 以及 gp85 的 61～75 和 209～221 区域。这些变异区域的存在可能是选择压力的结果, 这种压力可能来源于一种免疫反应。尽管 ALV 的 gp85 基因很容易发生变异, 但一般认为同一亚群 ALV 的 gp85 氨基酸序列的同源性应在 90% 左右。因此, 国内外通过对 gp85 基因序列同源性比较作为鉴别 ALV 亚群的通用方法。

gp37 基因较为保守, 各毒株核苷酸同源性在 89.7%～96.9%, 氨基酸同源性在 87.7%～98.5%。分离自不同品种鸡群的 ALV-A 之间的同源性也较高, 没有明显的差异。未发现有缺失或者插入突变现象, 几乎都是替换突变[212]。

ALV-J 亚群的跨膜 (TM) 基因下游还有一个 rTM 区, 一个单拷贝正向重复单位 DR 以及一个 E 组分。rTM 区是 TM 的一个剪接产物, 被认为是非功能性的多余成分。DR 与未成熟的 mRNA 在胞浆中的积累有关。E 组分以前仅发现于 Rous 肉瘤病毒 src 基因附近, 可能具有增强子功能。

ALV-J 毒株 Env 的 TM 区都存在 YXXM 基序, 而内源性 ALV 的 Env 则没有此段序列。YXXM 基序是典型的 PI3K 结合基序, 磷酸化的 YXXM 通过与 PI3K 亚基 p85 的 SH2 域结合使 PI3K 磷酸化并被激活。冯少珍等[262]通过试验发现 ALV-J NX0101 毒株 Env 胞浆区 554～557 位氨基酸存在典型的 PI3K 结合基序 YXXM, 该基序突变后, 病毒 RNA 转录水平和病毒蛋白合成水平都显著下降, 表明 YXXM 基序对病毒的复制具有重要作用。但 YXXM 基序的这种作用是否在其他毒株中也存在，还有待于进一步的试验证实。

① ALV 亚群间 env 基因的差异。ALV-J env 基因特异性区域包括与 EAV 家族 E51 高度同源的序列，说明 J 亚群 env 基因序列极有可能是内源性和外源性病毒基因序列通过多次重组而产生的。但 env 基因最特殊的地方在于其变异性。env 基因上存在着较大的变异，A ~ E 亚群之间的 env 基因有高达 85% 的同源性，而 J 亚群与 A ~ E 亚群之间只有 40% 的同源性[27,43]。同时 J 亚群的 env 基因与另一内源性病毒的同源性约为 95%，与鸡基因组上内源性 ALV 成分 EAV-HP 的 env 基因有 97% 的同源性，这些结果显示 ALV-J 的出现及其变异很可能是外源性 ALV 与内源性成分不断重组的结果[12,49,50]。Caroline 等[161]对 ev/J 序列在体外表达后发现，ev/J 序列表达产物和 ALV-J env 蛋白一样对 ALV-J 病毒具有超强感染特性。这些说明，ALV-J env 基因与其他外源性 ALV 的 env 基因的同源性很低，而与内源性序列有很高的同源性。

以 ALV-J 原型毒株 HPRS-103 的 gp85 和 env 全基因为探针，通过 Southern-blot 在正常鸡细胞基因组中发现了一类与 HPRS-103 env 基因关系更为密切的序列，该序列不同于 E51 和 EAV-0，与 HPRS-103 env 基因有高达 97% 的同源性。由于这一序列与内源性序列 E51 和 ALV-J 原型毒株 HPRS-103 env 基因有较高的同源性，故称之为类 env 的内源性序列 EAV-HP[50,51]，这种序列存在于所有品系的鸡群中[17]。Smith JE 等用 ALV-J env 基因的某些序列作为引物进行 PCR 扩增时，未感染 ALV-J 病毒的 O 系鸡细胞总 DNA 也能扩增出这些片段。随后，Benson 等在鸡体内也鉴定出了类似的内源性序列，并将其命名为 ev/J。该序列的 pol 基因完全缺失，gag 和 env 部分缺失，但其 env 多肽部分序列与 ALV-J env 蛋白有 95% 的同源性，并发现该序列在鸡中普遍存在。现发现 EAV-HP 与 ev/J 为同一序列。

ALV-J 原型株 HPRS-103 株 SU 区 932bp，与其他外源性亚群仅有 40% 的同源性，而其他亚群间可达 80% ~ 85%（如图 2 - 8）[174]，与一种源自 O 系来航鸡的内源性缺损病毒 E51 比较，同源

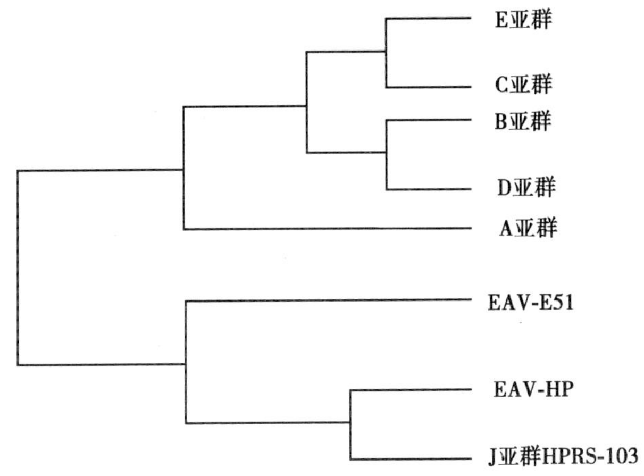


**图 2-8　ALV 亚群间 SU 同源性关系**

性达 75% 以上；TM 区 500bp，与其他外源性亚群的同源性为 65%，其他外源性亚群间可达 92% ~95%，含有一个与 A 亚群有关的插入序列（219bp）；插入序列在中断的 TM 区下游形成一个多余 TM 区（rTM）），rTM 区与其他外源性亚群的同源性为 97%，与 E51 的同源性为 41%，而插入序列的上游却与 E51 表现出很高的同源性，显示多出 219bp 的 rTM 源自其他外源性 ALV。rTM 序列的下游也含有一个其他亚群存在的单拷贝正向重复单位 DR，但在 DR 下游形成了以前仅在急性转化性 Rous 肉瘤病毒 src 基因上游或下游发现的 E 组分（或称为 F2 或 XSR），E 组分约 150bp。不同 J 亚群毒株其大小略有差异。尽管 XSR 的功能还不十分清楚，但它含有转录因子 c/EBP 的黏着点，且可发挥增强的功能。杨玉莹等[37]发现国内外分离株常见有 rTM 区和 E 元件缺失信息，说明这两个部位在 ALV-J 的复制中是不稳定的。

② ALV 亚群内不同毒株间 env 的差异性。

a. ALV-A 不同毒株间 env 的差异性。张青婵[145]比较 10 株 ALV-A 与参考株进行 gp85 序列同源性研究，发现它们之间的同源性仅在 88.2% ~99.4%，其分离鉴定的 4 个 ALV-A 之间的同源性在88.9%～97.9%，与ALV-A亚群参考株的同源性在87.7%～98.5%，与ALV-B、C、D、E的同源性在77.6%～85.5%，并认为同一亚群的ALV毒株越来越多被分离测序后，亚群内gp85的变异现象也会越来越明显，而且与其他亚群之间的变异范围会越来越接近，这可能会对ALV不同亚群间的鉴别诊断产生干扰。

b. ALV-J不同毒株间env的差异性。尽管ALV-J不同毒株之间的同源性很高，但与其他反转录病毒的env基因一样，ALV-J的env基因极易突变[43]。ALV-J毒株间具有分子多样性及基因组不稳定性。Venugopa等[53]对1998年分离的12株ALV-J进行对比分析，它们的氨基酸序列同源性在92%～99%，然而env中和试验并不能完全相互中和。这说明J亚群env序列表现出很高的突变和重组。国内分离的J亚群毒株在整个env存在不同程度的变异现象。曾有人认为，这种变异所在基因的位置与国外其他毒株变异的位置规律基本一致，主要集中在gp85区的vr3、hr1和hr2区。

同一地域内，ALV-J毒株持续的分子变异，以及不同地域的毒株之间，有不同的分子变异规律[11]。王增福等[62]发现分离自同一鸡场的2个ALV-J毒株之间gp85基因存在3个碱基的差异。地方株Hrb-1 env基因和标准参照毒株HPRS-103相比，在E（XSR）区，有203个核苷酸的缺失，在此缺失之前核苷酸序列与HPRS-103的同源率为94%，之后核苷酸序列与HPRS-103的同源率为86%，并伴有数个小的缺失，同时Hrb-1株与从吉林分离鉴定的JL-2株之间存在着极为相似的变化，认为这极有可能代表着地区性流行株之间存在着相同的分子变异规律[57]。另外，同一毒株在不同实验室保存并传代后也很易发生突变。例如，由两个不同实验室测定的ADOL-Hc1株的序列也有2%的变异[60～61]。

免疫选择压的作用下使得ALV-J同一毒株的不同代次病毒的env基因中gp85的同源性存在差异。王增福等[63]将ALV-J NX0101株接种到已长成单层鸡胚成纤维细胞（CEF）的六孔细胞培养板上，分为A组（培养基中无抗体）和B组（培养基中含抗体），每组设3个独立的传代系列，分别对第10代、20代和30代病毒的囊膜糖蛋白基因（env）进行克隆和测序。序列比较结果表明，原始病毒与无抗体的A组不同传代系列的不同代次之间gp85氨基酸序列同源性为97.7%～99.7%，而原始病毒与有抗体的B组不同传代系列的不同代次之间gp85的氨基酸序列同源性为93.8%～96.1%；对gp85高变区上有意突变（NS）与沉默突变（S）的比例计算分析表明，无抗体A组三个传代系列在110～120aa、141～151aa和189～194aa这3个高变区域上NS/S的值分别为2（8/4）、1（3/3）和1.3（4/3），有抗体B组三个传代系列在110～120aa、140～150aa和188～193aa这3个高变区域上NS/S的值分别为4.1（13/3）、4.7（14/3）和3.3（11/3）。该结果是在严格试验条件下显示特异性抗体这一免疫选择压对gp85基因变异的影响。

ALV-J env基因中gp37也会发生变异。张志等[65]通过试验发现，分离的ALV-J与ALV-J原型株HPRS-103的gp37基因有很大差异，而国内分离株之间却有着密切的关系，认为我国的ALV-J均由同一毒株发生变异而来。同时他们还发现，分离到的新毒株与以前分离的YZ9901和SD9902等毒株相比，gp37基因在不断变异中，尽管这种变异相对于gp85基因来说要小。gp37基因与各亚群的同源关系可能是ALV进化的一种趋势，因为已有研究表明，带有ALV-J亚群LTR序列的ALV-A和ALV-B重组病毒都表达了ALV-E亚群gp37囊膜蛋白[159,160]。

③ ALV env基因变异的后果。变异现象导致许多后果，如ALV-J毒株的中和性抗血清不能相互中和[56]，用HPRS-103相应的env基因序列不能扩增出ADOL4817 env基因[49]，使得研制单一有效疫苗的可能性减小。

在不同的分离物中，可变区有顺序改变的抗原存在，这种普遍存在的顺序改变的抗原变异是ALV-J亚群的一个显著特征，如从一个感染鸡群得到198个分离物，用以前使用的$H_5/H_2$引物对其进行PCR仅检出16个，而用$H_5/H_7$引物对却检出了176个，这说明流行的ALV-J毒株大多数已与原型毒株有很大的不同。

env 基因的变异将导致编码的 env 蛋白或病毒的某些特性或致病性发生改变，也可能使 env 蛋白中潜在的磷酸化位点发生变化或者产生一些有功能的结构域。

5. 病毒性致瘤基因

在 Rous 肉瘤病毒（RSV）和急性白血病病毒基因组中，还存在病毒性致癌基因或病毒肿瘤基因（viral oncogene，v-onc）。Rous 肉瘤病毒除了拥有典型 ALV 基因组结构外，在 3′端单独存在一个与复制无关的 src 基因，即 gag-pol-env-src。额外的基因 src 为致癌基因。急性禽白血病病毒虽然有结构基因不同程度的大段缺失，但其基因组中却增加了病毒性致癌基因。病毒性致癌基因来自细胞源性原癌基因（c-onc），但与细胞源性原癌基因有许多不同之处：无内含子；v-onc 比 c-onc 短，被不同程度的切缺，如 c-src；可能存在点突变，如 v-ras；常常与病毒基因融合存在，gag-onc 或 env-onc；v-onc 在病毒 LTR 控制下高水平表达。

目前，由急性禽白血病病毒获得的病毒性致癌基因约有 20 种。根据细胞源性原癌基因编码蛋白质的功能，这些病毒性致癌基因可以分为以下几类：生长因子、生长因子受体、非受体蛋白酪氨酸激酶（PTK）、效应信号蛋白、丝氨酸/苏氨酸激酶、转录因子（表 2－3）[174]。它们与细胞生长调节和分化有关。由于对 v-onc 本质的认识比较晚，因而早期这些基因的命名仅与病毒和诱发的肿瘤有关，如 src（Rous sarcoma virus），没有显示出致癌基因本身的致癌信息。

## 三、ALV 的重组

由于基因组 RNA 的二聚体结构和反转录酶活性作用，反转录病毒通常有很高的突变频率，而且容易形成高水平重组。将宿主细胞中发现的内源性病毒（如 EAV-HP，EAV-E51，EAV-0，ev/J 前病毒）、反转座子与慢转化型复制能力 ALV-J 有同源性序列的证据，以及急性转化型缺陷病毒获得细胞原癌基因的现象统一起来看，基因组间的重组发生率是十分高的。事实上，两个相同分子的病毒 RNA 反转录至双链 DNA 前病毒的过程本身存在重组的机会，而且反转录存在有出错倾向性（即 pol 编码的聚合酶有较高序列错误率）。

**表 2-3　一些转化型禽白血病/肉瘤病毒与病毒性致癌基因**

| v-onc 编码物的生化功能 | v-onc | 病毒 | 表达模式 | 主要诱发肿瘤 |
|---|---|---|---|---|
| 非受体 PTK | src | RSV | v-src | 肉瘤 |
| | fps | FuSV-ASV 等 | gag-fps 融合 | 肉瘤 |
| | yes | Y73-ASV | gag-yes 融合 | 肉瘤 |
| 受体 PTK | ros | UR2-ASV | gagros 融合 | 肉瘤 |
| | erbB | AEV | v-erbB | 成红细胞性白血病 |
| | sca | S13-AEV | env-sea 融合 | 成红细胞性白血病/肉瘤 |
| | eyk | RPT-30 | env-eyk 融合 | 肉瘤 |
| 丝氨酸/苏氨酸激酶 | mil (raf) | MH2 | gag-mil 融合 | 肉瘤/髓细胞瘤 |
| 效应蛋白 | crk | CT-10-ASV | gag-crk 融合 | 肉瘤 |
| 转录因子 | erbA | AEV | gag-erbB 融合 | 成红细胞性白血病 |
| | jun | ASV-17 | gag-jun 融合 | 肉瘤 |
| | myc | MC29 | gag- myc 融合 | 髓细胞瘤/癌 |
| | | MH2 | v-myc | 癌/髓细胞瘤 |
| | | CM Ⅱ | gag- myc 融合 | 髓细胞瘤/癌 |
| | | OK10 | gag-pol-myc 融合或 v-myc | 癌/髓细胞瘤 |
| | | FH3 | gag- myc 融合 | 髓细胞瘤 |
| | myb | BAI-AMV | v-myc | 成红细胞性白血病 |
| | ets | E26-AMV | gag-ets-myb 融合 | 成红细胞性白血病/成髓细胞性白血病 |
| | maf | AS42 | gag- maf 融合 | 肉瘤 |
| | qin | ASV31 | gag- qin 融合 | 肉瘤 |

注：PTK，蛋白酪氨酸激酶。

ALV 重组能够发生在外源性病毒之间，外源性病毒和内源性病毒之间以及外源性病毒和非同源的细胞基因组之间。发生在不同亚群禽白血病病毒之间的重组可能会引起病毒的变异，从而导致

ALV 生物学特性的改变，尤其是带有内源性 LTR 的重组外源性病毒可诱导低水平的 ALV-p27 抗原表达，从而使感染重组外源性病毒的鸡逃逸检测而造成广泛传播，以致给禽白血病的防制和净化造成干扰。ALV-J 可同时感染同一鸡群、同一只鸡和同一细胞，并且病毒进行了重组，重组病毒的分子生物学特性已发生改变，这种嵌合分子在鸡体内产生[11]。

1. 外源性 ALV 之间的重组

Gingerich E 等[31]和 Lupiani B 等[66]对出现骨髓细胞瘤的用于产蛋的商品白莱航鸡分离病毒，发现了 ALV-B env 基因和 ALV-J 的 LTR 重组的 ALV。赵冬敏[163]经分析后推测认为，其分离鉴定的 ALV-B SDUA09C2 株可能是一株由 ALV-B gp85 序列和 ALV-A 的 U3 序列重组而成的重组病毒。

2. 外源性 ALV 与内源性 ALV 的重组

ALV-J 是一种外源性白血病病毒与禽内源性反转录病毒囊膜（E51）的重组体[50]。后来，更多的人认为 ALV-J HPRS103 是一种外源性 ALV 与内源性病毒 EAV-HP 的重组（图 2－9）[35]。对 ALV-J 的研究表明，现在流行的 ALV-J 野毒株都是来自某个外源性 ALV 与内源性 J 型病毒（ev/J）重组产物。ev/J 属于正常鸡基因组中的内源性禽病毒成员，这种内源性序列与外源性病毒间的重组机制目前尚不明确。有些 ALV-J 经 CEF 传代后可发生持续的重组。Lupiani 等[160]分离了 2 株经 alv6 系鸡 CEF 持续传代的 ALV-J ADOL-5701 和 ADOL-6803，经序列分析显示，这两株病毒具有亚群 A 的 gp85，亚群 E 的 gp37 和亚群 J 的 LTR。因此可以证明，这两株 ALV-J 病毒是由外源性 ALV-J 分离株和缺陷性内源性病毒与 A 亚群囊膜形成的重组体再次发生重组的结果。刘超男等[205]从血管瘤病鸡分离到一株 ALV-J，分析发现 gp85 基因和 gp37 基因交界处有 J 亚群和 E 亚群 ALV 的重组现象。

Fadly 等[154]报道在美国市场上使用的几种马立克氏病疫苗中有外源性 ALV-A 的污染，测序结果表明，该病毒是含有 ALV-A 的 gp85 囊膜基因和内源性病毒成分的重组病毒。张青婵[145]分离的

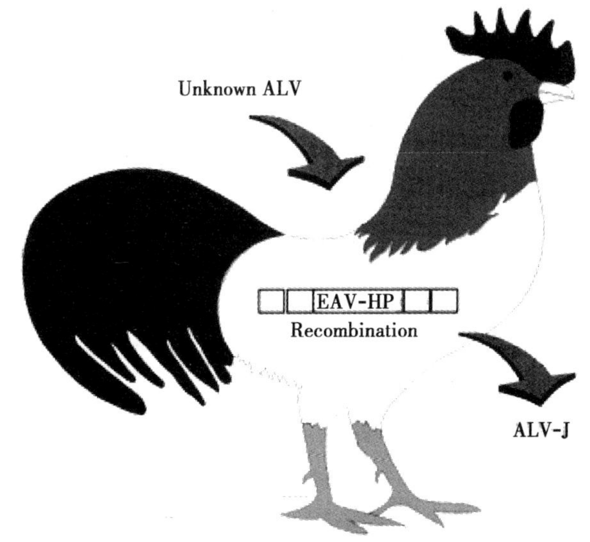


**图 2－9　ALV-J 来源的推测**

ALV-A SDAU09E1 株的 LTR 和 U3 区核苷酸序列与内源性 ALV 的同源性最高，推测其可能是带有内源性 LTR 序列的 ALV-A 亚群重组病毒。鉴于 SDAU09E1 株是从中国地方品系鸡分离得到，很可能它是外源性 A 亚群 ALV 与该地方品系鸡染色体基因组独特的内源性 E 亚群片段重组的结果，而且该地方品系鸡所具有的 U3 片段与国外鸡品种报道的 U3 片段不同。

3. ALV 与其他病毒的重组

ALV 基因组片断可以整合进其他病毒基因组中。通过研究发现[198-200]，ALV-J 的 LTR 区可以插入到马立克病毒（MDV）基因组中，从而发生重组现象。在 CEF 上同时感染 HVT 和 ALV RAV-1 株，在连传 6 代后，就分别开始产生在 gD 基因的 ORF 序列中和 SORF2 基因的 poly-A 区整合进 ALV 的 LTR 序列的重组 HVT[199]。

4. 外源性 ALV 与非同源的细胞基因组的重组

急性转化型 ALV（如禽成红细胞性白血病病毒和成髓细胞性

白血病病毒）的基因组中携带1个或2个位置不定的病毒性肿瘤基因，这些肿瘤基因可能是在长期的进化过程中通过遗传重组从正常细胞获得，不受正常调控过程控制。

## 第五节　病毒的蛋白

ALV的蛋白主要由gag基因、pol基因和env基因编码（如图2-10）[278]。

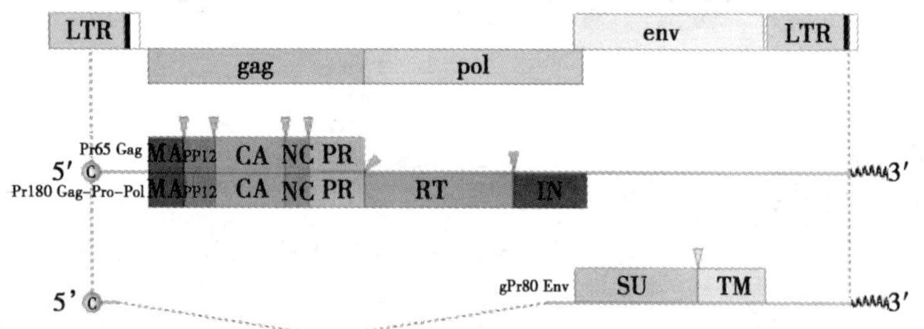


**图2-10　ALV各基因编码的蛋白**

在AL/SV中，蛋白酶来自于一种大前体蛋白Pr180（180kD，gag-pol基因的翻译产物）经裂解后变成的多聚蛋白前体Pr76（76kD，gag基因编码部分）。大前体蛋白中pol基因部分，再经蛋白酶作用后氨基端形成反转录酶，羧基端形成整合酶。

### 一、gag基因编码的蛋白

gag基因编码病毒内部非糖基化结构蛋白，包括基质蛋白（matrix，MA）、蛋白酶（protease，PR）、衣壳（capsid，CA）和核衣壳（nucleocapsid，NC）。gag基因编码的初始产物通常是一个非糖基化的大蛋白前体，分子量约为76kD（Pr76），然后在病毒蛋白酶（p15）的作用下加工成小的蛋白，顺序为$NH_2$-p19-p2-p10-p27-p1-p12-p15-COOH。在ALV亚群间，这些病毒蛋白十分保守，具有高度的同源性，即所谓的群特异性抗原（group specific antigen，GSA 或 gsa），为各亚群所共有。

p19，即基质蛋白 MA：分子量约为 19kD，是一种磷蛋白，为群特异性蛋白[46]，约由 155 个氨基酸组成，氨基酸序列高度保守；紧紧位于病毒囊膜之下，形成一个连续的蛋白质“壳层”，向内与其他 gag 蛋白连接，向外与脂质双层的病毒囊膜相连；它的第一个甘氨酸常常十四烷酸化，具有亲脂作用，与病毒的芽生有关。

p27，即衣壳蛋白 CA：是病毒核心衣壳蛋白的主要成分，具有疏水性；其含量高，占病毒总蛋白成分的 30% 以上，是一个非糖基化的蛋白，分子量约为 27kD，约由 220 个氨基酸组成，氨基酸序列高度保守，含有许多易于检测的病毒抗原位点，是制备群特异性抗体的首选抗原[67,68]；为 ALV 各亚群所共有，故又称为群特异性抗原，因此，常常用 ELISA 检测 p27 抗原作为鸡群是否感染 ALV 的重要依据。国内外已经建立的许多对 ALV 的检测方法就是在 p27 抗原蛋白的基础上进行的。但有人认为检测 p27 的存在并没有临诊上的意义，因为内源性的 ALV 也会产生 p27 抗体阳性[69]。还可以通过检测血清或组织器官中 p27 的动态分布来研究该病毒的组织嗜性。不同亚群 ALV 的毒株在感染细胞后均能产生 p27 抗原，但表达的量可能不同[180]。

p12，即核衣壳蛋白 NA：分子量约为 12kD，约由 89 个氨基酸组成，是碱性蛋白，与基因组 RNA 紧密结合，参与 RNA 加工与包装。基因序列也比较保守，AMV 和 MAV-1 的 p12 基因完全相同，与 MAV-2 只有一个碱基不同。

p15，即蛋白酶 PR：分子量约为 15kD，约由 124 个氨基酸组成，是一种天冬氨酸酶，在病毒装配时，对 gag 和 pol 多聚前体蛋白进行切割，产生成熟的 gag 和 pol 蛋白质。此外，p15 蛋白 N 端 7 个氨基酸组成的区域还有增加病毒装配效率的功能。

p10，分子量约为 10kD，约由 62 个氨基酸组成，位于病毒囊膜和核心之间，参与病毒后期装配和早期感染。在 gag 蛋白中氨基酸序列最不保守，AMV 的 p10 与 MAV-1 比较，在 1 273、1 274、

1 296、1 297、1 304、1 325、1 326和1 328处有 8 个碱基突变，导致 5 个氨基酸不同；与 RSV-PR-C 相比，有 15 个碱基发生了突变，导致 8 个氨基酸变异。

p1，为 9 个氨基酸的多肽，连接 p27 和 p12，其功能不详。编码 p1 的基因相当保守，AMV、MAV-1、MAV-2 和 PR-RAV-C 的序列完全相同。

p2，为 22 个氨基酸的短肽，其功能不详，但是去除大部分 p2 会抑制病毒粒子的形成。

## 二、pol 基因编码的蛋白

pol 基因编码病毒的酶蛋白，即反转录酶（reverse transcriptase，RT，RNA 依赖的 DNA 聚合酶）P68（分子量约 68kD）、整合酶（integrase，IN）P32（分子量约 32kD），以完成作为细胞基因信息表达前的病毒 RNA 至前病毒 DNA，以及前病毒 DNA 整合进细胞染色体的过程。其中，反转录酶在现代分子病毒学中具有重要的地位，为丰富“中心法制”做出了重要贡献。

反转录酶：有多种酶活性，目前已经明确的至少有两种。

① 聚合酶活性：能够以 DNA 或 RNA 为模板，合成一条新的 DNA 链。与其他聚合酶一样，不能从头催化合成 DNA 新链，而只能借助于 DNA 或 RNA 引物。自然条件下，引物通常为 RNA，即在反转录过程中，合成 DNA 第一条链（负链）时以宿主 tRNA 为引物，合成第二条链（正链）时则是以在聚嘌呤段（PP）处断开的基因组 RNA 为引物。

② RNA 酶 H 活性：反转录酶的这一活性可选择性地降解 DNA-RNA 杂合体中的 RNA 链。突变分析发现反转录酶的聚合酶活性和 RNase H 活性彼此独立，它们的功能区也不重叠，多聚酶活性的功能区大概占整个酶分子氨基端的 2/3。

整合酶（IN，P32）：其功能是将前病毒 DNA 基因组整合至宿主细胞的染色体 DNA 中。

## 三、env 基因编码的蛋白

env 基因编码的囊膜糖蛋白由 2 条肽链组成，较小的肽链贯穿病毒的囊膜，呈杆状结构，称为穿膜蛋白，或跨膜蛋白，或跨膜糖蛋白亚单位（Transmembrane protein，TM），由 gp37 基因编码；较大的肽链通过二硫键和氢链与 TM 相连，突出暴露于囊膜之外，呈球形结构，称为表面蛋白或膜表面糖蛋白亚单位（Surface protein，SU），由 gp85 基因编码[11]。二者连在一起形成二聚体，称为病毒糖蛋白（VGP）。二者在宿主细胞体内合成，先是形成 gp85-gp37 聚合前体蛋白，再经加工剪切成熟的囊膜蛋白 gp85 和 gp37。SU 和 TM 蛋白分子上有许多糖基化位点，这些位点在自然状态下结合有多糖，SU 蛋白的糖基化程度明显高于 TM 蛋白。ALV 囊膜蛋白首先以 57kD 前体蛋白进行合成，经糖基化加工后形成 92kD 的囊膜糖蛋白。92kD 的囊膜糖蛋白是 SU 和 TM 的前体，位于感染细胞和病毒粒子的膜上。球形的 SU 之间与杆状的 TM 结合，附着于病毒囊膜上。

1. TM 蛋白

TM 是由 env 囊膜糖蛋白中约 197 个氨基酸组成的跨膜蛋白亚单位，具有 3 个结构区，分别是胞外区、跨膜区和胞内区，非糖基化的 TM 分子量约 21kD。

胞外区具有 gp85 结合区和介导病毒与细胞膜融合的融合区，位于 gp37 的 N 端。跨膜区一般由 20 ~ 25 个疏水性氨基酸组成，位于病毒囊膜或者细胞膜上，使整个 env 蛋白定位于膜上。胞内区则位于 gp37 的 C 端，一般该区的长度为 20 ~ 30 个氨基酸左右，具体功能还不是很清楚。在某些反转录病毒的组装过程中，胞内区将被切除。gp37 的融合区属于疏水区，能形成超螺旋结构。

当 gp37 与 gp85 分开表达时，gp37 能形成三聚体，说明在 gp37 中存在能介导寡聚化的序列或残基。

ALV-J env 基因编码的 gp37 蛋白与其他亚群的同源性为 65%，而其他亚群间该蛋白的同源性可达 92% ~95%。

2. SU 蛋白

SU 蛋白是由 env 囊膜糖蛋白中约 305 个氨基酸组成的膜表面糖蛋白亚单位，经氢键和二硫键与 TM 相连。非糖基化的 SU 分子量为 36kD。

ALV 病毒的亚群特异性由 gp85 蛋白决定，gp85 蛋白是病毒的主要抗原，能够刺激机体产生中和抗体。此外，它还负责识别宿主细胞膜上的特异性病毒受体。由于 ALV-J 在整个 env 基因都存在不同程度的变异现象，原型株 HPRS-103 抗血清并不能中和所有 ALV-J 毒株，如不能中和美国型株 ADOL-Hc-1[73]。

gp85 两端的氨基酸序列较为保守，具有一定程度的同源性。但 ALV A ~ E 各亚群囊膜基因序列的差异主要在外膜蛋白区域即胞外区的 3 个可变区（variable region，vr）vr1、vr2、vr3 和宿主范围决定簇区或高变区（host range or hypervariable region，hr）hr1 和 hr2。据推测在相同亚群内使用相同的受体，这种亚群特异性受体是由 SU 亚单位上约 150 个氨基酸组成的 3 个可变亚区 vr1、vr2、vr3 决定的。不同亚群间决定宿主范围的可变区初级和次级蛋白结构存在明显变化。A 亚群的 hr2 与 J 亚群有相似的嗜水性图谱，推测这一区域为 α 螺旋伴随 β 折叠再伴随 α 螺旋的结构域，但 hr1 却显示出不同。B、D、E 亚群 hr1 和 vr3 相对保守，因此，它们存在相同的细胞受体。

在 ALV 亚群中，gp85 基因所编码的膜表面糖蛋白至少涉及诱导中和抗体的抗原表位[1,65]、感染发生过程中病毒与细胞受体相互作用的病毒配体等生物学功能[1,56]。

ALV-J 的 SU 蛋白与其他亚群的同源性仅为 40%，而其他亚群间该蛋白的同源性可达 80% ~85%。

不同时期、不同地点分离的 ALV-A 毒株存在缺失或者插入突变。A 亚群毒株在第 1 ~2 位、102 位、156 ~158 位、238 位、240 位、311 位发生缺失；A 亚群在第 45 位、125 ~133 位、192 ~197 位、297 ~304 位与 B ~ D 亚群有共同的缺失[212]。钱琨等[212]从蛋鸡中分离到一株 ALV-A（AH10 株）有独特变异：第 163 位由 E 突变为 K，第 175 位插入 P，第 185 位 N 突变为 T。

3. TM 和 SU 之间的相互作用

gp85 是病毒抗原的主要成分，但必须通过 gp37 定位在细胞膜上[65]。gp85 编码 ALV 受体结合的决定簇，并通过 gp37 编码的穿膜蛋白（TM）定位到细胞膜上[27]。球形结构的 gp85 直接与跨囊膜的杆状 gp37 结合，附着于病毒囊膜上。秦爱建等[42]研究发现，ALV-J ADOL-4817 毒株的 gp85 蛋白氨基酸组成为 307 个氨基酸（65 ~ 372），分子量为 34. 1kD，gp37 蛋白由 209 个氨基酸组成，分子量为 23. 6kD。gp37 位于感染细胞的细胞膜内，gp85 位于感染细胞的细胞膜外表，gp85 和 gp37 之间以二硫键相连接，可以看出糖基化位点主要位于细胞外的 gp85 上。

gp37 与 gp85 之间的作用比较脆弱，gp85 很容易从病毒子上掉下来，使病毒失去感染力。

ALV-J 感染宿主细胞时，首先是 SU 亚单位与细胞表面特异性受体 chNHE1 相互作用和结合，伴随引起 TM 亚单位构象发生变化从而介导 ALV-J 与宿主细胞发生融合，使病毒进入细胞[174,261]。

4. env 蛋白的变异

Venugopal 等[53]比较了 12 株新分离的 ALV-J 和 HPRS-103 株的囊膜糖蛋白的氨基酸序列，结果表明，它们的同源性在 92. 0% ~ 98. 8%，从而揭示了 ALV-J 抗原性的变异。

（1）gp85 蛋白的变异　ALV-J gp85 蛋白的氨基酸序列不仅与其他亚型的差异较大，而且还存在着很快的变异，引起了 ALV-J 病毒持续不断的抗原性变异，世界各地区 ALV-J 分离株 gp85 的分子变异规律不太相同[26,57]。王增福等[62]对我国 1999—2003 年 14 株 ALV-J 的 gp85 蛋白的氨基酸序列与 HPRS-103 株进行比较发现，14 株 ALV-J 的 gp85 蛋白发生了很大变化，变异区主要集中在 hr1、hr2 和 vr3 及其附近的区域，尤其是 hr1 和 hr2 区域更是变异集中的区域。与相对保守的 hr1 区域相比，hr2 的二级结构显示高度亲水性，并有回旋或弯曲结构[43]。最近，关于 hr2 区域的一项研究显示，存在许多变异的 hr2 区域中的基本的残基对受体结合起主要作用[72]。这些高变区，尤其是 hr2 和 vr3 这两个高变区，极有可能是各种选择压力，尤其是免疫选择压下的作用位点[62]。这些变异尤其是高变区上的变异更有利于病毒逃避宿主的免疫监视，也是病毒自身适应环境的一种表现。

通过对 J 亚群 env 基因序列和其他亚群 env 基因序列做进一步比较分析发现，ALV-J gp85 蛋白与 A ~ E 亚群的 gp85 蛋白只在氨基末端有 43 个氨基酸相似，同源性达 84%，在羧基末端有 2 个区域的同源性达 81% 和 48%，剩下的区域与 A ~ E 亚群的 env 蛋白无关[11]。而 gp85 两端的氨基酸序列较为保守，具有一定程度的同源性。J 亚群 vr1 可变区缺失。不同亚群间，决定宿主范围的可变区初级和次级蛋白结构存在明显变化。A 亚群的 hr2 与 J 亚群有相似的嗜水性图谱，推测这一区域为 α 螺旋伴随 β 折叠再伴随 α 螺旋的结构域，但 hr1 却显示出不同，B、D、E 亚群 hr1 和 vr3 相对保守，因此，它们存在相同的细胞受体。比较而言，J 亚群在整个 gp85 都存在不同程度的变异现象。抗原型株 HPRS-103 抗血清并不能中和所有毒株，如不能中和美国原型株 ADOL-Hc-1[71,73]。对基因组进行 PCR 扩增得到类似的结果。说明 J 亚群病毒存在抗原变异现象，主要集中在 hr1、hr2 和 vr3 区[74]。

付朝阳等[75]研究发现，Hrb-1 和 JL-2 之间 gp85 氨基酸序列存在着较大的变异，同源率仅为 86.0%。JL-2 病毒株的 gp85 基因中插入了序列为-CTTTCTAGT-的基因片段，使得 JL-2 病毒株独有的 3 个氨基酸的插入成为其区别于 Hrb-1 等毒株的特征性变化。JL-2 病毒株的这一插入片段与美国 ADOL-Hc-1 毒株基因序列上的-CTTTCTAAT-片段极为相似。结合 gp85 基因的进化分析结果，即 JL-2 株 gp85 基因虽然相对独立，但也与英国毒株 HPRS-103、美国毒株 UD4、UD5、ADOL-Hc-1 等处在一个进化分支。由此可以推断，虽然 JL-2 病毒株在流行过程中，包括 gp85 在内的囊膜基因发生了不同程度的变异，但其极有可能起源于美国的 ADOL-Hc-1 病毒株。同时，进化分析结果也表明，Hrb-1 株与美国分离株 UD3 在 gp85 和 gp37 基因上均有极近的亲缘和进化关系。因此，推断 Hrb-1 株的起源极有可能与美国分离株 UD3 有关。

（2）gp37 蛋白的变异　张志等[65]通过试验发现，gp37 基因的第 139 位和第 142 位氨基酸，HPRS-103 分别为 D 和 R，形成一个非常强的抗原位点，而自行分离的 5 株 ALV-J 及国内以前分离的 3 株均为 G 和 G，因此，国内的这 8 株 ALV-J 在此位点不表现抗原性；在第 190 位氨基酸，HPRS-103 为 N，而国内的其他 ALV-J 毒株均为 Y，在此位点仅仅一个碱基的差异而使前者出现一个强的抗原位点，后者呈现较弱的抗原性。

秦爱建等[42]发现 ADOL-4817 毒株的 gp37 在 C 末端多了 13 个氨基酸，虽然在整个 env 基因上有一些氨基酸的改变，但整个 env 基因表达的囊膜糖蛋白的结构特性如多肽引导序列、表面结构域、穿膜结构域等在所有的毒株都比较保守。

## 四、ALV 囊膜蛋白的糖基化

ALV-J 囊膜糖蛋白具有很多的糖基化位点，未糖基化的囊膜蛋白的分子量仅为 57kD 左右，而糖基化囊膜蛋白分子量为 94kD 左右。病毒囊膜蛋白是否糖基化对囊膜蛋白的运输、病毒的成熟有影响[71]。秦爱建等[42]将 ALV-J ADOL-4817 株 env 基因经计算机分析，其可翻译成 581 个氨基酸蛋白质，分子量为 64. 64kD；根据反转录病毒囊膜蛋白 env 的加工规律，前 64 个氨基酸是高亲水性的，为蛋白引导序列，在囊膜蛋白加工合成的过程中被剪辑掉，从而形成囊膜蛋白前体 Pro-env，它由 517 个氨基酸组成，分子量为 57. 68kD；根据糖基化位点 N-X-S/ T 的特点，发现 ADOL-4817 毒株的 env 蛋白有 15 个潜在的糖基化位点，分别位于第 81、120、142、162、180、193、221、247、273、287、311、353、363、424 和 472 氨基酸位点。

# 第六节　病毒的复制

## 一、ALV 的实验室宿主系统

1. 禽类胚胎

ALV 可感染火鸡、鹌鹑、珍珠鸡和鸭的胚胎而增殖，但多数毒株在 11～12 日龄鸡胚中生长良好。许多肉瘤病毒毒株在绒毛尿囊膜上产生外胚层增生性病灶。肉瘤病毒静脉接种于 11～13 日龄鸡胚时，40%～70% 的鸡胚在孵化 4～5 天后死亡，死于肉瘤和出血。

ALV-J 接种 11 日龄鸡胚绒毛尿囊膜，8 天后可产生痘斑；接种 5～8 日龄鸡胚卵黄膜则可产生肿瘤；接种 1 日龄雏鸡的翅膀，经长短不等的潜伏期也可产生肿瘤[201]。

2. 细胞

(1) 鸡胚成纤维细胞（CEF）　ALV 不能在哺乳动物细胞中复制和发生转化。必须使用不适于 ALV-E 生长的 CEF 分离和增殖 ALV[78]。不同遗传表型的细胞对 ALV 亚群的易感性有很大差异(表 2－4 和表 2－5)[80,81]，常用 O 系鸡 C/E（CEF）和 15B1 系鸡 C/O 表型 CEF 来增殖 ALV。由于一般无法得到上述表型 CEF，所以退而求其次，也可采用普通品系 SPF 鸡胚来制备 CEF[54]。有人发现约 48% 的普通品系鸡的鸡胚属 C/O 表型，即平均 2～3 枚鸡胚中有 1 枚对 ALV 所有亚群易感。因此，可以用 5 枚鸡胚的 CEF 混合物来培养 ALV[54]。

肉瘤病毒在接种单层鸡胚成纤维细胞后可引起细胞的快速转化，转化的细胞在几天内可形成分散的细胞群或细胞灶，这种特性可用于病毒的滴定。

**表 2-4　不同禽胚胎的 CEF 对 ALV-J 的易感性**

| 易感 | 不易感 | |
|---|---|---|
| 家养鸡 | 日本鹌鹑 | 几内亚野鸡 |
| 红原鸡 | 颈环野鸡 | 北京鸭 |
| Sonnerat's 原鸡 | 日本绿野鸡 | 俄国鸭 |
| 火鸡 | 金野鸡 | |

多数 ALV 在 CEF 上复制时不产生任何明显的细胞病变，通过多种检测方法（具体见后）可检测到其存在。很少的 ALV-B 和 ALV-D 几株毒株可产生蚀斑。有人报道称 ALV 感染的 CEF 经长期继代可发生形态改变[165]。

（2）鸡的骨髓细胞　ALV 的某些毒株可在鸡的骨髓细胞培养物中增殖，在接毒后继续培养 7 天，达到最高的病毒滴度[145]。从 ALV-J HPRS-103 株试验性诱导的 ML 中分离的病毒有 10/17（59%）能够快速转化 21 系或 O 系鸡的骨髓细胞。转化的细胞最早在感染后 6 天出现。小的、疏松的继代髓细胞是主要的细胞型。

（3）造血细胞　缺陷型禽白血病病毒可在体外转化造血细胞。这种急性转化性 ALV 已被广泛用于研究禽造血细胞谱系的分化。禽成髓细胞性白血病病毒感染禽造血组织培养物后可以转化为成髓细胞，966 急性转化毒株和 MC29 则转化为髓细胞样瘤细胞。

3. 细胞系

（1）鸡胚成纤维细胞系（DF-1）　DF-1 细胞是鸡胚成纤维细胞的一个连续系，来自对内源性 E 亚群 ALV 有抵抗力的 C/E 型鸡的 East Lansing Line（ELL-0）鸡胚胎，可以用于培养外源性 ALV。不同毒株的 ALVs 在 DF-1 细胞上增殖速度不同[21]，这对某些研究造成一定影响。多种癌基因可在 DF-1 单层细胞上诱导肿瘤性转化灶。ALV-B、C 和 D 亚群诱导细胞死亡，并且形成蚀斑。这一新的细胞系对于研究癌基因转化及细胞杀伤非常方便。目前，分离外源性 ALV 时都选择使用 DF-1 细胞，DF-1 细胞比 CEF 长得快（图 2-11）[229]，易于操作。

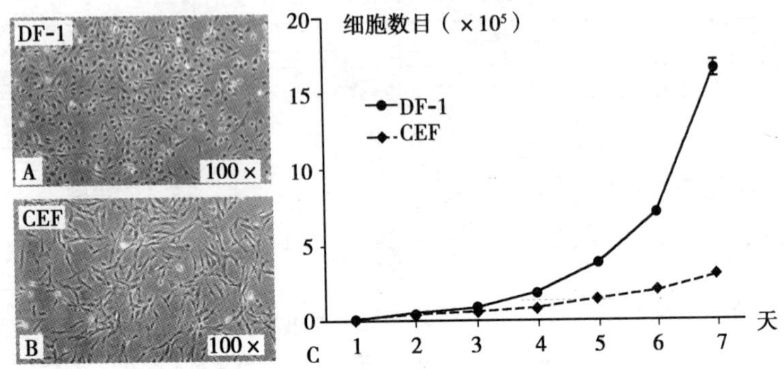


**图 2－11　DF-1 细胞和 CEF 细胞的形态与生长的比较**

（2）其他细胞系　Hunt 等[79]发明了一种定名为 DF-1/J 的遗传工程性 CEF 细胞系，这种细胞对 ALV-J 病毒具有抵抗力，这是目前已知的唯一对 ALV-J 病毒有抵抗力的细胞，它对 ALV-J 的诊断具有重大价值。表 2－5 表示了不同品系的 CEF 对 ALV 亚群的敏感性和用途。

**表 2－5　不同品系鸡胚成纤维细胞对 ALV 病毒的分离和鉴定**

| 鸡胚成纤维细胞系 | 对 ALV 亚群感染的敏感性 | 用途 |
| --- | --- | --- |
| Line 15B1 | A，B，C，D，E，J | 用于分离所有的 ALV |
| Line O | A，B，C，D，J | 仅用于分离外源性 ALV |
| Line alv6 | B，C，D，J | 用于排除 ALV-A |
| DF-1/J | A，B，C，D | 用于排除 ALV-J |

注：alv6 = C/AE CEF（对 A，E 亚群 ALV 具有抗性）；15B1 = C/O CEF（对包括内源性病毒在内的所有 ALVs 亚群病毒均易感）；O = C/E CEF（对内源性 ALV 具有抗性）；DF-1/J CEF = C/EJ（对 ALV-E、ALV-J 亚群病毒有抗性）。

4．试验动物

一般选择不同日龄（根据实验需要进行选择）的 SPF 鸡，可以与提供 SPF 鸡胚的厂家进行购买。对于鸡的品系可以进行选择。

## 二、ALV-J 的复制过程

反转录病毒是一大类 RNA 病毒，其之所以被命名为“反转录”是因为携带反转录酶（由 RNA 指示的 DNA 聚合酶）。这种酶的功效在于可通过 RNA 转录为 DNA 原病毒，并与宿主细胞染色体中的 DNA 相结合，而后产生 RNA 及新的病毒粒子并从宿主细胞的细胞膜脱出[82]。在病毒芽生时，从前病毒转录的病毒颗粒 RNA 和蛋白质在膜处被装配成子代病毒颗粒。因此，ALV 的基因组 RNA 不作为 mRNA 直接表达而是反转录成前病毒 DNA 整合进入宿主细胞基因组中，随着细胞 DNA 的复制、转译表达出病毒的功能成分。ALV 以出芽方式离开细胞不引起细胞病变，但病毒进入细胞或病毒基因产物的合成对细胞功能有一定影响[83]。图 2－12 示意了反转录病毒的复制过程[280]。

在漫长潜伏期或白血病前驱期就存在感染病毒的广泛复制，并在未形成肿瘤的组织中引起增生性反应。未感染细胞的增生是由于感染细胞释放的细胞因子或可溶性调节物引起的。事实上，复制良好而不诱发增生性反应的病毒往往缺乏致瘤的能力。从基因功能来看，env 和 LTR 中 U3 区在肿瘤的类型和发生中有重要影响和作用。

由于 ALV 不引起 CPE，难以用显微镜直接判定 ALV 在细胞中的增殖情况。目前，常用 ELISA 检测培养物中的病毒群特异性抗原（gsa）或测定培养物中病毒的反转录酶活性来检测 ALV[88,89]。

1. 吸附、穿入与脱壳

反转录病毒复制的第一步就是病毒与细胞膜的吸附，虽然可以与任何细胞膜吸附，但感染却是特异的。这种特异性是病毒表面的膜蛋白和特异性靶细胞的表面受体结合。这一步是为后来的膜融合和病毒核酸注入胞浆开始复制的必需先决条件。

ALV 的 SU 亚单位作为配体与细胞特异性受体的结合，伴随引起 TM 亚单位发生构象变化从而介导 ALV 与宿主细胞发生融合，使病毒进入细胞。这个过程从 SU 与细胞受体结合开始。当 SU 与宿主细胞的受体结合后，激活 TM 的构象发生变化，暴露出融合

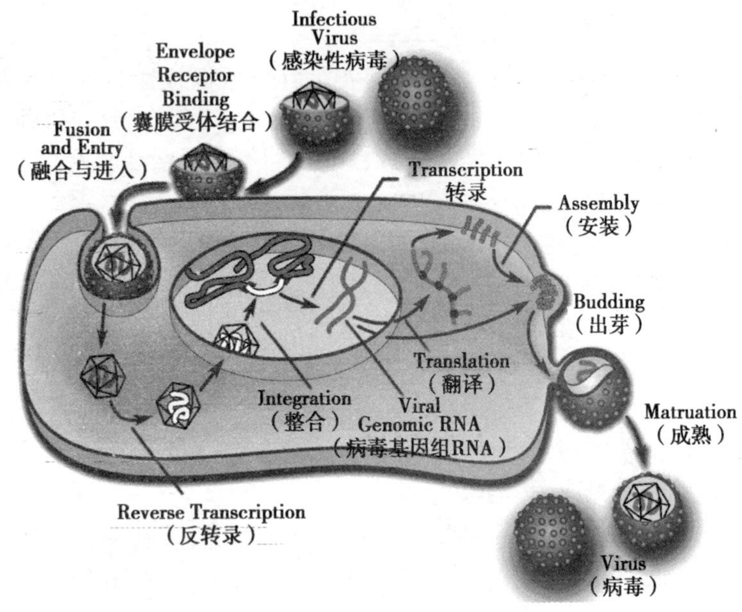


**图 2－12　反转录病毒的复制过程模式**

肽，并使 TM 转化为前发夹中间体，融合肽通过极性区域与细胞膜作用，并嵌入靶细胞膜中，然后卷曲螺旋区 2（HR2）发生卷曲螺旋，拉近了两膜的距离，同时，在卷曲螺旋区 1（HR1）与 HR2 的相互作用下，HR1 和 HR2 中间的连接区域发生折叠，进一步拉近两膜的距离，使两膜外层的局部区域发生接触，当 HR1 和 HR2 形成完整的 6 螺旋束时（发夹三聚体），完成融合，最终将病毒核酸注入细胞浆内。这个过程是决定感染宿主范围的基础，是病毒组织嗜性的基础，也决定了肿瘤的类型。TM 的这种构象变化亦可在体外与受体的亲嗜体或在酸性条件下被诱导[85]。

侵入后的病毒失去了病毒囊膜而在细胞浆内暴露出带有核衣壳的病毒核心结构。但核芯结构并不解离，而是衣壳蛋白、核衣壳蛋白仍然包绕着基因组 RNA，形成核心复合体，复合体中仍含有反转录酶、整合酶等酶类，以后进行的基因组 RNA 反转录、正链

DNA 合成、病毒 DNA 整合等生物化学过程都是在这一复合体内进行的[279]。

细胞信号转导通路对病毒进入细胞和后续的病毒复制是必需的。Feng 等[282]通过试验证明 PI3K/AKT 信号通路在外源性 ALV 进入细胞过程中发挥着重要作用。

2. 生物合成

1964 年，Temin 报道用放线菌素 D 能抑制鸡肉瘤病毒的繁殖，从而提出前病毒假说，即鸡肉瘤病毒繁殖须经过形成 DNA 阶段，病毒 DNA 作为前病毒存在于细胞基因中，繁殖时病毒 DNA 转录成 RNA[297]。1970 年，Baltimore 和 Temin 两个实验室同时发现了肉瘤病毒中存在着以 RNA 为模板合成 DNA 的酶，从而证实前病毒的形成是反转录病毒生活周期中的重要一环[297]。

感染宿主细胞后，ALV 在胞浆中反转录成前病毒 DNA，前病毒 DNA 进入胞核整合进细胞基因组 DNA，利用细胞机制复制合成子代病毒核酸，此过程在病毒感染细胞后数小时即可发生[19]。

（1）反转录　反转录病毒基因组复制最显著特点就是从 RNA 到 DNA 的反转录过程。反转录的启动发生在核心结构内（RT、RNA、nucleotides）并且屏蔽于胞浆，病毒在感染后 1h 即可在胞浆内查到病毒 DNA。

前病毒 DNA 产生的过程可以概括如下。

① 首先，是细胞源性的 tRNA 结合位于病毒 RNA 近 5′端先导序列中的 PBS 位点，作为引物在反转录酶的作用下，以病毒 RNA 为模板沿病毒 RNA 的 5′方向合成负链 DNA（U5/R/LTR），这段 DNA 称为强终止子 DNA。同时，启用反转录酶的 RNA 酶活性消化模板 RNA 基因的 U5/R（已指导完负链 DNA U5/R 的合成）。当反转录酶到达 RNA 5′端，并跃出模板时，反转录过程暂时停止，此时，合成的负链 DNA 仍附着于 tRNA 引物上；

② 负链 DNA 和引物复合体跳跃（负链 DNA 跳跃）到 RNA 3′端的同源性序列 R 杂交结合，这样强终止子 DNA 连同反转录酶一起完成了转录过程中的第一次跳跃。

③ 继续沿模板 RNA 的 5′方向合成负链 DNA 的剩余序列。随着负链 DNA 的合成，反转录酶的 RNase H 活性降解了大部分 RNA 基因模板，仅保留了 5′到 U3 的一个延伸短链。

④ 此残存的小 RNA 片段作为引物以负链 DNA 为模板合成第二条强终止子 DNA，这条正链强终止子 DNA 含有 U3、R 和 U5-PBS 序列。同时，tRNA 和病毒 RNA 被 RNase H 活性降解。

⑤ 利用负链 DNA 的 3′PBS 同源性正链强终止子 DNA 第二次跳跃至负链 DNA 的 3′端，并作为 5′端引物完成正负链 DNA 的合成。

⑥ 反转录过程结束后，生成线状双链 DNA 两端的重复区比病毒基因组 RNA 的重复区长，故称为长末端重复序列（long terminal repeat，LTR）。3′端和 5′端的 LTR 结构相同，均由来源于 RNA 基因组 3′端的 U3 区、来源于 5′端的 U5 区和 R 区组成。

（2）转运　病毒 DNA 转运至细胞核中。

（3）前病毒 DNA 的整合　反转录病毒在其病毒 DNA 发生整合前有一闭合环形时期[87]。还不清楚这种现象有什么意义。双链 DNA 合成后进入细胞核，在病毒编码的整合酶作用下插入细胞基因组，这个过程称为整合。整合是整合酶指导病毒 DNA 和某段宿主 DNA 经过特异性裂解，分别产生黏性末端。这个反应中伴随着病毒 DNA 末端各丢失 2 个碱基对和宿主 DNA 裂解位点 4 ~ 6 个碱基对的复制。反应后，病毒 DNA 插入并连接在染色体 DNA 中。插入位点可以有多个，感染细胞可含有多至 20 个病毒 DNA 拷贝。整合在宿主染色体中的病毒 DNA 是反转录病毒生命存在的一种形式，称为前病毒（provirus）。

整合入受染细胞染色体上的前病毒 DNA 作为细胞的正常基因信息被表达。整合的过程对于细胞 DNA 来讲是随机的，而与病毒 LTR 末端 4 ~ 6bp 的反序列有关[86]。如果这种整合发生在细胞原癌基因区将会导致癌基因的高效表达，始动瘤化机制，称之为前病毒的插入性突变。这也为外源性慢转化型反转录病毒获得原癌基因，成为急性转化型缺陷性反录病毒创造了条件。控制生长起关键作用的细胞原癌基因区的前病毒插入中断了正常基因位点的组成，也引入了 U3 区强启动子和增强子序列。这些变化足以改变基因的表达。而且，前病毒 DNA 与细胞 DNA 间的关系有相当的伸缩性，插入可以在上下游较宽的范围进行，可以正向，也可以反向。有 80% 以上的 A、B 亚群 ALV 诱导的法氏囊淋巴细胞瘤中可以检测到改变了的 c-myc、c-myb 表达的前病毒。现在已知其他多种对控制生长起关键作用的细胞原癌基因与外源性病毒诱发禽肿瘤的前病毒插入有关，改变了基因表达的受染细胞将获得选择性生长的机会，发展成肿瘤细胞克隆。

（4）转录与翻译　在细胞 RNA 聚合酶Ⅱ作用下，转录产生病毒 RNA。前病毒 DNA 模板可以转录为两类 mRNA。一类是全长的 RNA 转录本或作为病毒基因组 RNA 或作为指导 gag/gag-pol 产品合成的 mRNA，转运至细胞浆，作为真正的 mRNA，与游离的核糖体结合在多聚核糖体表面翻译 gag/gag-pol。gag-pol 基因翻译的产物是较大的 180kD 前体蛋白 Pr180，存在于胞浆中。移至细胞膜内侧后开始切割，变为多聚蛋白前体 Pr76，Pr76 经过加工成为病毒衣壳蛋白（p19/MA，p27/CA，p12/NC，p15/PR 和 p10）、反转录酶 p95 和整合酶 p32。全长的病毒 RNA 被保存起来，作为基因组 RNA，以后包装入子代病毒粒子。第二类 mRNA 是简单剪辑的编码 env 的基因，这种囊膜 mRNA 在粗面内质网核糖体上翻译囊膜蛋白。

env 蛋白的合成与 ALV 的 gag、pol 其他结构蛋白不同，而与其他细胞膜蛋白一样，利用剪切过的 mRNA 为模板，在粗面内质网核糖体上合成，并在内质网和高尔基体中进行进一步的加工、修饰、成熟。在 env 蛋白合成、加工、成熟过程中，首先，env 初始产物在氨基端信号肽的介导下，进入粗面内质网合成 p57 env 前体蛋白。前体蛋白 p57 env 进行糖基化，形成 p92 env 糖蛋白。p92 env 糖蛋白是 gp85 和 gp37 的前体，位于病毒子和细胞膜上。p92 env 在细胞内一定酶的作用下，剪切成 gp85 和 gp37。球形结构的 gp85 与杆状的 gp37 再通过二硫键以及其他非共价键结合在一起，附着于病毒囊膜上[11]。完整的前体蛋白裂解加工是在病毒出芽或出芽后不久才能彻底完成。

一旦宿主细胞被感染并产生 env 蛋白，受染细胞的特异性受体将被 SU 亚单位所封闭，即所谓的超感染抗性现象。它限制了能够整合入细胞的前病毒的数量和病毒复制的回合。因此，J 亚群 env 序列突变的生物学意义也在于它有利于拓宽宿主细胞的范围，以允许它们感染已经表达同嗜性病毒的细胞，增加前病毒插入的可能性。

3. 组装和释放

病毒体 RNA 和衣壳的装配过程就在细胞膜内发生，同时，衣壳蛋白进一步加工和重排。装配后的毒粒开始出芽产生成熟的子代病毒。

## 三、复制完整型和缺陷型病毒

复制完整型病毒：这类病毒完整的含有上述基本结构中的各个编码基因及非编码片段（5′-R-U5-gag-pol-env-U3-R-3′），不含有病毒肿瘤基因，在感染宿主后可以随细胞的分化而进行增殖，从而产生子代病毒粒子。它们由于需要启动细胞肿瘤基因而引发细胞转化和肿瘤形成，所以潜伏期较长，也被称为慢性转化型病毒。具备完整复制能力的病毒有 A、B、C、D、J 亚群禽白血病病毒中的完整型病毒以及劳斯肉瘤病毒完整型毒株（唯一的既含有基本结构，又含有肿瘤基因的病毒，5′-R-U5-gag-pol-env-src-U3-R-3′）。

复制缺陷型病毒：这类病毒基因组中会有一个病毒肿瘤基因 v-onc，而它的获得通常伴随着病毒基因中部分遗传物质的缺失，取代部分 gag 和 env 基因或整个 pol 基因，毒株基因组结构一般为 5′-R-U5-Δgag-onc-Δenv-U3-R-3′或 5′-R-U5-Δgag-onc-U3-R-3′，由于缺失了复制所需要的基因，所以，必须在完整型病毒作为辅助病毒（helper virus）的情况下，借助其产生的各种结构和功能蛋白，才能产生下一代病毒粒子。这类病毒可以直接启动病毒肿瘤基因而快速诱发肿瘤形成，也被称为急性转化型病毒，包括所有的禽急性白血病病毒和绝大部分肉瘤病毒。

## 四、ALV 的受体

由 env 基因编码的囊膜蛋白（主要是 gp85 上含有病毒受体决定簇）与靶细胞表面特异性受体相互识别、结合，是病毒进入靶细胞进行复制、增殖所必需的[70]。gp85 含有病毒-宿主决定簇，负责识别靶细胞膜上的特异性受体，病毒最终能否进入细胞则是由靶细胞膜上是否有病毒特异性受体决定的。病毒受体对于病毒特异的感染宿主细胞具有重要意义，控制着 ALV 的易感性，不同亚群间决定宿主范围的可变区初级和次级蛋白结构存在明显变化。利用 B 和 E 亚群重组表型研究表明，可变区 hr1、hr2 和较少范围的 vr3 对特异性受体具有重要的作用。B、D、E 亚群的 hr1 和 vr3 相对保守，它们有共同的细胞受体。

通过不同遗传背景细胞对不同亚群病毒的易感性分析，推测在鸡的基因组中有 tv-a、tv-b、tv-c 和 tv-e 4 个常染色体基因座，它们分别独立控制着 A 亚群、B 与 D 亚群、C 亚群和 E 亚群病毒的易感性；在每种 tv 位点上，存在着易感和抵抗等位基因，而易感基因属显性基因，因此，只有当细胞处于抵抗基因纯合状态时才能完全抵抗某亚群病毒的感染。

在 ALV 中，除 J 亚群的受体为嗜髓样肿瘤细胞表面的抗原，其他亚群病毒的受体为 B 淋巴细胞的表面抗原。其中，A 亚群的受体是一类低密度脂蛋白受体（Low Density Lipoprotein Receptor，LDLR）相关蛋白，由 tv-a 基因编码；B、D、E 亚群的受体相同，属于肿瘤坏死因子受体家族（Tumor Necrosis Factor Recept，TN-FR），由 tv-b 基因编码，编码一个导致细胞凋亡的死亡受体 CARI（Cytopathic ALSV Receptor，CARI）；C 亚群的受体是嗜乳脂蛋白，属于免疫球蛋白大家族，由 tv-c 基因编码；J 亚群的受体是 I 型 $Na^+/H^+$ 交换蛋白（chNHE1），由位于 23 号染色体上的基因编码。

ALV 感染细胞后，细胞表面的病毒特异性受体能被病毒产生的 gp85 分子或 env 蛋白封闭，或者 gp85 分子和病毒特异性受体结合阻止了特异性受体在细胞表面表达。这种病毒特异性受体的封闭和非正常表达能使同一亚群病毒不能再次感染已受染细胞的现象称超染抗性或超感染抗性。这个由病毒 env 蛋白以及细胞受体共同作用引起的现象能限制病毒再次感染，限制前病毒的数量，降低前病毒整合的几率，同时，也降低了相关病毒之间的重组概率。但是与 env 蛋白以及宿主细胞受体密切相关的超感染抗性加速了 env 蛋白的变异，拓宽了病毒感染的宿主范围。但这一现象也被用来进行病毒分离鉴定、抗病毒细胞构建以及抗病鸡培育等。

## 第七节　急性转化型病毒和慢性转化型病毒

### 一、分类

ALV 具有转化宿主细胞的能力。前病毒以后的复制过程由细胞机制来完成，这些复杂的复制体系创造了转化发生的机会。根据转化细胞的快慢、潜伏期和诱发肿瘤范围的不同，可将 ALV 分为 2 类，即急性转化型 ALV 和慢性转化型 ALV，二者转化细胞的机制不同。

1. 急性转化型 ALV

急性转化型 ALV 无论在体外，还是在体内，均能在几天之内或数周内引发肿瘤性转化和发生肿瘤。急性转化型 ALV（如禽成红细胞性白血病病毒和成髓细胞性白血病病毒）转化细胞的分子基础是其基因组中携带 1 个或 2 个位置不定的病毒性肿瘤基因（或称为致瘤基因），它们可能在长期的进化过程中通过遗传重组从正常细胞获得，不受正常调控过程控制，其异常表达产物使细胞生长和分化发生变化而产生肿瘤（一般是肉瘤）。这类病毒曾被称为禽肉瘤病毒。因为无法独立完成复制感染全过程，需要辅助病毒的参与，因此，这类病毒又被称为缺损性白血病病毒。这是由于在重组过程中，其原本完整的基因组结构常常会因肿瘤基因的获得而发生部分置换或缺失，通常情况下，会缺失全部 pol 基因，gag 和 env

基因部分缺失，因此，其基因组结构组成是 5′LTR-Δgag-onc-Δenv-3′LTR。图 2－13 示意了急性转化型 ALV 的基因组结构[264]。由于不能编码 SU、TM、IN、RT 等生产传染性病毒粒子所必需的结构/功能蛋白，致使此类病毒不具备复制能力，在这种情况下，它便需要具有完整复制能力的慢性转化型病毒作为“辅助病毒”，借助它们所编码的衣壳、囊膜蛋白等包装自己的核酸芯髓来完成增殖下一代病毒粒子的任务。这类缺损性病毒主要为实验室增殖的毒株，如禽成髓细胞性白血病病毒、禽成红细胞性白血病病毒、肉瘤病毒等。

ALV 的 MC29、CM 和 OK10 株携带有 myc 肿瘤基因，编码转录因子，诱导骨髓单核细胞肿瘤；AMV BAI-A 株病毒带有 myb，编码转录调控子，诱导成髓细胞和前髓细胞肿瘤；禽成红细胞性白血病病毒（AEV）的 H 株带有 erbB，基因产物为表皮生长因子受体，诱导成红细胞性白血病；MH2 病毒带有 myc 和 mil，myc 基因转化靶干细胞，mil 基因产生骨髓单核细胞生长因子，诱导骨髓单核干细胞肿瘤；AEV 的 ES4 株带有 erbA 和 erbB，AMV 的 E26 株带有 myb 和 ets，erbA 和 ets 基因编码转录因子。目前，已鉴定的禽类病毒性肿瘤基因有 15 种。

2. 慢性转化型 ALV

慢性转化型 ALV 具有典型的完整反转录病毒基因组结构，可独立完成复制感染过程，常常作为急性转化型病毒的辅助病毒。在感染后，其所诱导的肿瘤形成潜伏期一般较长，需要数月或更长的时间。病毒本身无致瘤基因。这类病毒称之为禽白血病病毒。主要为野外分离毒株，A、B 亚群和以前的 J 亚群是最为常见的慢转化型禽白血病病毒。现在趋向于不称禽肉瘤病毒，而将其包含于禽白血病病毒，只称为禽白血病病毒，并且倾向于“某亚群禽白血病病毒”的叫法。

此类病毒通过复制过程中 LTR 基因整合在宿主细胞基因组原癌基因的上游或下游或中间，引起插入突变。宿主细胞的原癌基因被 LTR 中的启动子或增强子激活，导致细胞肿瘤基因的异常表达

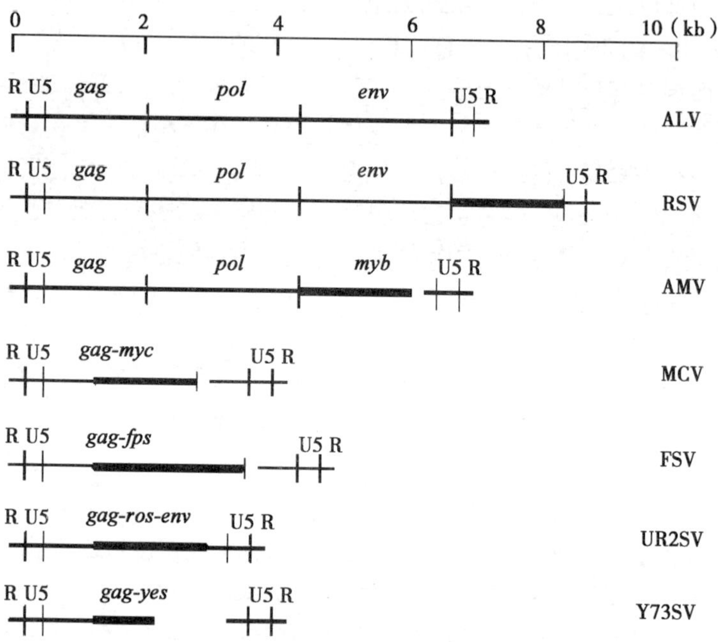


**图 2－13　急性转化型禽白血病/肉瘤病毒的基因组结构**

形成肿瘤。LTR 序列差异和特异性的 LTR 结合蛋白决定转化细胞的类型。

慢性转化型 ALV 诱导的最常见肿瘤是 B 淋巴细胞瘤，其中，B 淋巴细胞 c-myc 基因被异常激活，产生大量的 myc 磷蛋白，导致 B 淋巴细胞的转化与恶性增生而形成 B 淋巴细胞瘤，同时，伴有其他细胞性肿瘤基因的激活导致肿瘤进行性生长与转移。增生性 B 细胞的分化停滞在产生阶段，ALV 感染数周后法氏囊有 1 个或多个转化的淋巴滤泡再迁到其他器官导致鸡只死亡。在野外和试验条件下都发现马立克氏病毒（MDV）疫苗株可增加淋巴性白血病的发生率，原因可能是 MDV 可反式激活 ALV 的 LTR。

ALV-J 原型病毒对骨髓单核细胞有亲嗜性，而对法氏囊的亲嗜性较低，所以 ALV-J 引起的主要是骨髓白血病而不是淋巴白血病。

ALV-J 和其他的外源性 ALV 一样，本身不带有致肿瘤基因，肿瘤的发生是间接通过插入性突变而激活宿主细胞的原癌基因所造成的。但是，不同的品系对于诱导肿瘤的差异性很大。这种病毒致肿瘤能力的差异可能是致肿瘤的部位有病毒启动子或增强子结合的蛋白。HPRS-103 诱导骨髓细胞瘤而不是淋巴白血病，可能是由于 HPRS-103 肿瘤基因附近控制基因在巨噬细胞系比在淋巴细胞系表达更强。LTR 启动子成分以及增强子涉及控制 HPRS-103 基因的表达[71]。

## 二、毒力转化

由于遗传的不稳定性和自然界的选择压力，尤其是在免疫选择压下，ALV-J 在最近十几年的时间里发生了很大的变异[62]。从首次报道 ALV-J 到现在，ALV-J 从传染性强的慢性致瘤性病毒演变成传染性很强的急性致瘤性病毒，给本病的治疗和预防带来一定困难。

ALV-J 中最早分离和鉴定的原型株 HPRS-103 来源于健康肉鸡，当接种 11 日龄肉鸡胚后，在出壳后最快也要在 64～78 日龄才开始出现髓细胞瘤或肾瘤造成的死亡，平均死亡日龄在 20 周左右[29]。Payne 对 ALV-J HPRS-103 原型株的致病性进行研究发现，雏鸡感染后要经过一个较长的潜伏期才能诱导肿瘤[6]，故认为骨髓细胞瘤（ML）是迟发性肿瘤。但用 HPRS-103 人工感染引发的 ML 病例中，分离出 17 株病毒，其中，10 株病毒可使培养的骨髓细胞发生急性转化，最快仅需 14 天[90]，从而证实了急性转化型 ALV-J 的存在。杜岩等[65]从肉种鸡中分离的 SD9902 株接种 11 日龄鸡胚后，肉鸡在 28 日龄发生骨髓瘤，并引起死亡，而分离的 HN0001 株则来源于 30 日龄出现明显肿瘤并造成死亡的肉鸡。ALV-J 急性转化型如 966 毒株可在 1 日龄雏鸡接种后，最早 3 周龄发病[90]。成子强等[91]曾观察到自然病例病变症状明显者在 7～30 周龄间，认为可能包括了急性转化型和迟发型。ALV-J 所致肉种鸡发病的潜伏期逐渐缩短，最早可见 24 日龄发病病例[92]。所以，ALV-J 毒株的致病性明显增强，主要表现出发病日龄提前，特别是自然感染时引起发病和死亡的日龄逐渐提前[11]。这一特性被认为是由于病毒从感染细胞中获得原癌基因的结果[93]。

## 第八节　病毒的抗原性

### 一、病毒蛋白的抗原性

ALV 的 gp85 蛋白（SU 蛋白）在有免疫能力的鸡群能诱导特异性抗体的产生[69]。

禽白血病/肉瘤病毒群拥有共同的群特异性抗原（gs 抗原），即位于病毒核心的 gag 抗原 p27，p27 抗原性可以区别禽网状内皮组织增生病病毒（REV）。临床上常用监测 p27 抗原的方法来评价鸡群感染禽白血病病毒的状况。

### 二、抗原变异

反转录病毒的显著特征是其基因的不稳定性和多样性，这是由于 pol 基因编码聚合酶的高序列出错率和基因的高重组率造成的。加上宿主的免疫选择压力，使得禽白血病病毒的抗原变动性极高。

各亚群病毒的囊膜抗原有所不同，可以通过中和试验区分。除 B 和 D 亚群之间存在部分交叉中和作用外，不同亚群的病毒之间在中和试验中通常无交叉反应。同一亚群病毒之间具有不同程度的交叉中和反应，但在囊膜抗原方面仍有某些差别，具有不同的抗原型。抗某些 ALV-J 分离株的抗血清，不一定会与其他 ALV-J 分离株发生交叉中和反应，或者可能表现单向的交叉中和反应。一般情况下，某一特定病毒的抗血清中和该亚群中的同源病毒比异源病毒的能力更强。B 亚群病毒通常比 A 亚群病毒的抗原型更不一致。

J 亚群病毒之间抗原表位的变异非常大。许多 ALV-J 毒株的中和性抗血清不能相互中和[53]，这说明 J 亚群 env 序列表现出很高的突变和重组，不同株病毒的囊膜糖蛋白的抗原表位有可能出现一定的差异性，这样就导致了对一个 ALV-J 分离物的抗体有可能不能中和另一个病毒分离物。Venugopal 等[53]对 12 株 ALV-J 新分离物的 env 基因研究表明，各毒株的 env 基因序列相互之间以及它们与 ALV-J 的原型株 HRPS-103 的 env 基因序列之间都有差异，其氨基酸序列的同源性为 92.0% ~98.8%，并且大多数新分离物都不能被 HPRS-103 的抗血清所中和。美国分离的 ADOL-Hcl 株的抗体能够中和 ALV-J 英国原型株 HPRS-103，但 HPRS-103 的抗体却不能中和 ADOL-Hc 毒株[73]。秦爱建等[52]检测 ALV-J 的不同单克隆抗体与 ALV-J env 基因中可变区和高变区原核表达的 GST 融合蛋白的反应活性时发现，env 蛋白的不同片段的抗原性有明显的差异，同时，用这些基因片段表达产物免疫小鼠的初步结果也表明，ALV-J 的中和性位点位于囊膜蛋白的 vr3，但单一的 vr3 区诱导产生的中和活性并不显著，当与 vr2 片段共同免疫时，其中和活性显示有协同作用。

# 第三章　禽白血病病毒的致病机制

禽白血病病毒感染鸡体后，在体内生长复制后，导致一些肿瘤的发生，对鸡生长和生产性能造成严重影响，对机体免疫系统的功能产生抑制作用，进而引起混合感染的发生。

## 第一节　病毒的致瘤机制

国外有关禽白血病/肉瘤病毒的肿瘤基因及其致瘤机制的研究大多集中于20世纪80~90年代，后来由于各国采取的根除净化措施，使该病得到了基本控制，研究的力度便减缓下来。在国内，该病自1999年以来开始被广泛报道，近些年，已渐成流行趋势，而众多研究中，却鲜有涉足肿瘤基因领域，究其原因，可能是在临床中大多见到的都是慢性致瘤病例，因其本身不含有肿瘤基因而未被重视。近年来，也出现了白血病的急性肿瘤病例。因此，国内应加强有关急性致瘤病毒的致瘤基因的研究。

### 一、致瘤机制

肿瘤的发生是以肿瘤基因（Oncogene）的启动表达为基础的，在病毒诱发的肿瘤中，肿瘤基因有2种，一种是细胞肿瘤基因（cellular oncogene），另一种是病毒肿瘤基因（Viral oncogene）。细胞肿瘤基因是动物机体内正常的功能基因，其基因产物一般为细胞的生长因子、生长因子受体、信号诱导因子或DNA转录因子等，表达改变后将无法调节细胞的增殖或分化，继而导致细胞转化、无限增殖，甚至形成肿瘤。病毒肿瘤基因则是反转录病毒和宿主染色体发生基因重组后的产物，即将细胞肿瘤基因俘获，并使其成为病毒自身基因组结构的一部分，所以，细胞肿瘤基因由于其起源性也被称为原癌基因（Proto-oncogene）。二者区别在于 v-onc 无内含子，外显子也会有微小的差别，经常会出现碱基取代或缺失等突变。

目前，有几种理论解释 ALV 的致瘤性，但各有其片面性，若将其综合起来，有利于理解 ALV 的致瘤能力。

1. 慢性转化型病毒的致瘤机制

这类病毒在感染动物后，一般在几周或几个月的时间内出现肿瘤，如淋巴细胞性白血病、髓细胞瘤、上皮性细胞瘤、血管瘤、骨硬化病等。它们引发肿瘤是通过 LTR 插入机制，间接启动宿主染色体基因组中的原癌基因，因此引发致瘤潜伏期较长。

插入性突变是禽白血病病毒诱发肿瘤的典型机制，也是在禽淋巴细胞性白血病病毒的研究中，已经认知的一种反转录病毒致瘤的主要机制。转化型反转录病毒的致瘤机制多数属于此类，习惯上这类病毒称为白血病病毒。与瘤基因转导机制相比，受感染动物表现出慢性病毒血症，肿瘤的发生经过了漫长的白血病前驱期，并且肿瘤细胞是单一性克隆。禽淋巴细胞性白血病病毒感染早期免疫系统尚未健全的鸡时，有大量的法氏囊淋巴细胞受到感染。大约经过 2 个月的白血病前驱期后，法氏囊中约 100 个淋巴滤泡中可以观察到不成熟的原淋巴细胞。几个月后，这些淋巴滤泡形成 5 ~ 10mm 大小的结节。多数 ALV 诱导的法氏囊淋巴细胞性白血病中，可以观察到细胞源性 myc 基因被激活，细胞中 myc 的含量提高 50 倍以上。很明显，病毒的整合发生在 myc 基因附近。尽管 myc 转录的拷贝长短不一，但都含有来自 3′端 LTR 的 U5 序列，提示 myc 转录的提高，是由于 3′端 LTR 中启动子的激活引起的。因此，淋巴细胞性白血病的发生机制可以简单地理解为细胞源性 myc 基因非正常地激活。Bai J 等[50]报道，英国分离的 ALV HPRS-103 株无致瘤基因，能诱导骨髓细胞性白血病，可能是插入突变引起肿瘤发生。

目前，病毒 DNA 插入细胞基因组时，DNA 的整合如果发生在原癌基因附近，并且引入强启动子和增强子，就会改变宿主原癌基因的表达。成子强等[100]认为，ALV-J 诱导肿瘤的发生可能和病毒基因的插入位点有关。插入的位点可以在原癌基因上下游较宽的范围内发生，有以下几种插入性突变激活原癌基因的情况（图 3－1）[174]。

启动子激活　1981 年，Hayward 等[298]提出“启动子插入恶化模型”学说，认为 ALV 基因组内不含 onc 基因，但其基因组两端的 LTR 具有启动子的作用。当 ALV 基因组整合到宿主细胞中 DNA 链上，若其位置恰好是在细胞肿瘤基因（如 c-myc）的临近区域，则 LTR 的启动子启动 c-myc，表现启动转录增强，导致 B 细胞淋巴瘤或白血病的产生。当前病毒整合在原癌基因中，前病毒与宿主细胞处于相同的转录方向，3′ LTR 中的启动子就会指导原癌基因非正常水平的表达。多数禽白血病病毒诱发的法氏囊淋巴细胞白血病属于此种机制。ALV 在宿主细胞中整合的位置是随机的，恰好与 c-myc 基因相临近的概率很小，故 c-myc 被启动的机会也很少。因此，这个模型学说也解释了为什么 ALV 感染鸡只后，要经过很长的潜伏期才能诱发肿瘤的现象。

增强子激活　前病毒整合在原癌基因上下游附近，前病毒 LTR 中的增强子能够激活原癌基因，而且激活与前病毒转录的方向无关，如图 3－1 例中所示前病毒与细胞基因组转录方向相反。某些慢性转化型 ALV-J 毒株的病毒基因组中无病毒性肿瘤基因，但这些病毒基因组整合在所感染的宿主细胞基因组中时，宿主原癌基因被 LTR 区域中的 U3 区增强子激活，细胞的肿瘤基因发生异常表达而导致肿瘤的发生。即使在相隔较长距离的情况下（插入距离 > $10^5$bp），U3 区增强子也可以增强原癌基因的启动子，推测这可能是由于染色质缠连成环的原因。这是一种较为频发的现象，可能是因为其插入位点较多。

转录不终止激活　目前，病毒整合在原癌基因中，前病毒 5′ LTR 中的启动子启动转录后，没有终止，从而转录了前病毒下游的原癌基因。

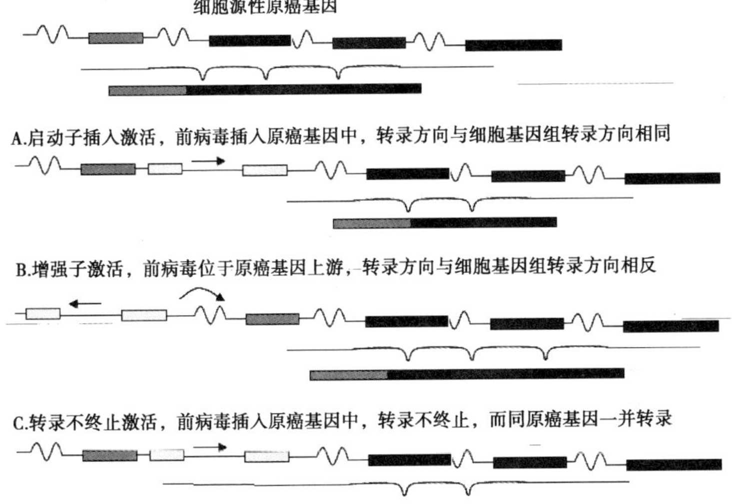


图 3－1　插入性突变机制激活细胞源性原癌基因

在宿主的整个生命活动中，这几种插入启动的概率仍然较低，而且多次插入才可能会导致一次转化，另外，再加上细胞抑癌基因的作用，这类肿瘤形成机制总体上而言是低效率且缓慢的。

2. 急性转化型病毒的致瘤机制

急性转化型病毒能够在几天或几周内诱导体内外肿瘤的转化，导致各种类型的白血病或实质性肿瘤（一般是肉瘤）。急性转化型病毒被鉴定的肿瘤基因有 16 种之多，如 src、fps、yes、ros、eyk、jun、qin、maf、crk、erbA、erbB、sea、myb、ets、myc、mil 等。

病毒先是在完整型病毒所产生的反转录酶和整合酶等作用下形成前病毒 DNA，然后又经自身 LTR 启动转录翻译程序，使 v-onc 同其上游的结构功能基因共同融合表达，得到融合肿瘤蛋白。这种方式可以使肿瘤基因产物“直接”得到启动表达，并进而转化易感细胞和组织，快速形成肿瘤（图 3－2）[264]。

3. 致癌基因转导机制

Rous 肉瘤病毒是癌基因转导机制的原型代表，然而，在此类型

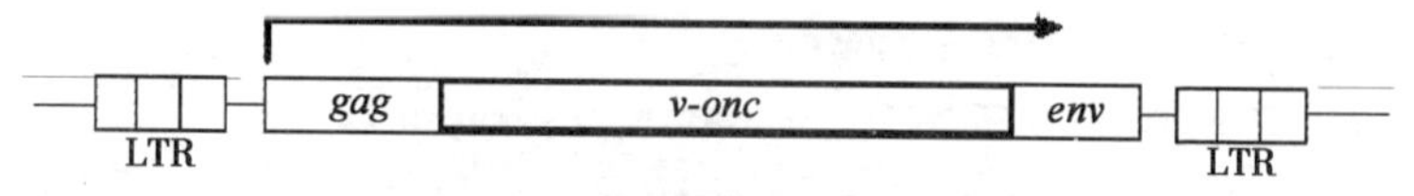


**图3－2　病毒肿瘤基因直接表达的急性致瘤机制**

致癌的病毒中，它是唯一基因组结构完整、具有复制能力型病毒，其他均为复制缺陷型反转录病毒，如MC29和禽成红细胞性白血病病毒。由于其携带致癌基因，因此，具有快速高效的转化细胞能力，而且往往是多克隆性肿瘤。本质上此类病毒有水平传播能力，而无垂直传播能力。携带的致癌基因与细胞源性癌基因有所不同，即没有内含子，存在点突变，癌基因被切缺，且通常形成病毒基因与致癌基因的融合，病毒致癌基因在病毒LTR的控制下得到高效表达。这些改变使得病毒性致癌基因对宿主细胞的生长产生影响。目前，已经发现有38种癌基因，将近20种可以在禽急性转化型反转录病毒中发现（见病毒基因）。关于致癌基因引发肿瘤，目前有两种基本理论解释，其尚未完全清楚的引发机制。一是“数量学说”，即反转录病毒基因可以呈现过量表达，或在非生长细胞中表达，或表达不能停止，大量的病毒基因表达可能提示病毒基因与细胞基因在功能上的关系十分密切。二是“质量学说”，即细胞源性原癌基因开始并不具有致瘤特性，只是发生突变后才转变为癌基因。

病毒性致癌基因是由细胞源性原癌基因获得的，合理的模型是前病毒DNA的整合发生在原癌基因的上游或附近。当前病毒3′端LTR缺失时，转录就会通过原癌基因，并且会移掉内含子。由于5′端有一个打包信号，所以，携带致癌基因的病毒RNA能够打包进病毒粒子中，这样就会形成一个非二倍体的双股RNA反转录病毒。这种病毒感染新的宿主细胞后，在反转录时就会发生非同源性的重组从而导致携带致癌基因的前病毒DNA拥有2个LTR。由于3′端编码基因信息的缺失，所形成的病毒为缺损型病毒，可以转化宿主细胞（图3－3）[174]。这个模式可以在培养物中得到验证。

4. *抑癌基因功能失活*

在肿瘤细胞转化过程中，抑癌基因的功能失活比原癌基因的激

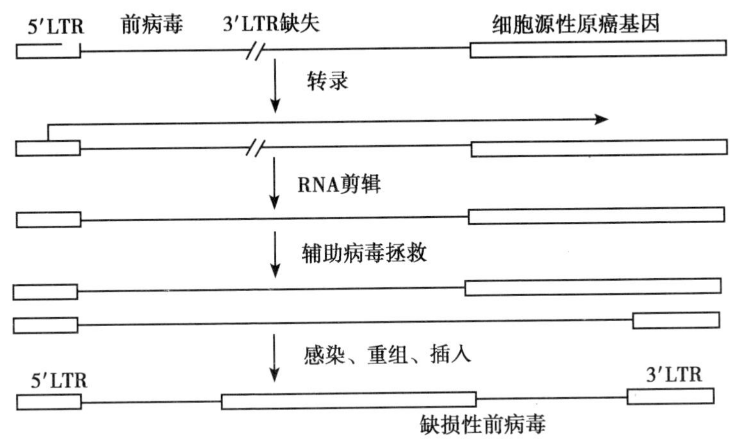


**图 3－3　反转录病毒获得细胞源性原癌基因的机制**

活作用更重要。和其他恶性肿瘤一样，白血病也包括多种癌基因和抑癌基因的异常。

p53 是一种抑癌基因，它与肿瘤的发生和发展密切相关。p53 抑癌基因是以蛋白质产物的分子量命名的，其基因产物为 53kD 的核磷酸蛋白。p53 基因分为野生型（wt-p53）和突变型（mt-p53）。正常存在于细胞内的 p53 抑癌基因为野生型，其表达的 p53 蛋白具有抑制细胞增殖分化和诱导凋亡作用。但突变型 p53 蛋白的半衰期延长（为野生型的 100 ~ 1 000倍），造成了 p53 蛋白在细胞内蓄积，异常的 p53 蛋白丧失了生长抑制和诱导凋亡的功能，从而导致细胞的增殖和恶变。几乎在所有的肿瘤中，都有不同程度的 p53 基因失活。大量研究表明，p53 基因在人体多种组织来源的恶性肿瘤中存在过度表达现象，并且发现 p53 基因的过度表达往往源于 p53 基因的突变。所以，p53 基因在肿瘤中的表达可作为恶性的标志。徐镔蕊等[105]认为宿主细胞的抑癌基因 p53 在蛋鸡的 J 亚群禽白血病的发生、形成与发展过程中有重要的生物学效应。他们研究发现，在蛋鸡 J 亚群禽白血病的发生中，突变型抑癌基因 p53 在病鸡的肝脏、肾脏、腺胃、肿瘤、输卵管中有大量的表达，心脏、胰脏、骨髓、脾脏、肺脏、十二指肠、胸腺及法氏囊中均可检出中等量的表达。突变型 p53 蛋白由于构象发生了变化，不能被细胞内壁 ATP 的蛋白降解系统识别后被降解，导致 p53 蛋白半衰期延长，造成 p53 蛋白在细胞内蓄积。免疫组化检出大量的 p53 蛋白，间接地反映了蛋鸡 J 亚群禽白血病中存在 p53 基因突变。突变的 p53 基因丧失了生长抑制和诱导凋亡的功能，从而导致骨髓瘤细胞的大量增生。

5. E 区作用

有报道表明，“E（XSR）”区成分对 ALV-J 的致肿瘤性发挥一定的作用[24,104]。

## 二、影响 ALV 所致肿瘤类型的因素

ALV 可以诱导形成多种形式的肿瘤，肿瘤的类型受病毒和宿主因素的影响，与毒株的来源、剂量、接种途径及宿主的年龄、遗传抵抗性有关。此外，ALV 的 env 囊膜蛋白和 LTR 在病毒感染宿主和肿瘤发生中具有重要作用。

1. LTR

LTR 中的 U3 区和 env 对病毒的组织嗜性和宿主发生肿瘤及肿瘤的类型有重要影响和作用。ALV 的广泛复制以及前病毒 DNA 的积聚为其创造了条件，影响着 env 和 U3 功能的发挥，因为高水平复制将增加细胞原癌基因附近插入病毒 DNA 的机会和有致瘤潜力重组发生的机会。LTR 在致肿瘤机制中的这种重要性主要与 U3 区含有启动子和增强子黏着位点有关。对免疫功能尚未健全的雏鸡感染 ALV，4 周后，当法氏囊肿大时，淋巴滤泡中 c-myc RNA 比正常细胞含量约增加 50 倍。这些 c-myc 大多含有 3′端 LTR 中的 U5 序列，提示主要由 U3 区启动子激活。

慢转化型 ALV 的致瘤能力主要受 LTR 增强子的调节，与这些病毒相关的肿瘤表型大多数是通过激活细胞源性原癌基因 c-myc 或 c-myb 而启动肿瘤的进程。慢转化型 J 亚群与急性转化型 MC29、MH2、966、Y73 等具有基本相同的 LTR 结构序列。这样的 LTR 比较结果部分地解释了致瘤与非致瘤病毒感染宿主后的不同病理学现

象，也揭示了不同毒株有可能引起相同肿瘤的原因。E 亚群的低致瘤性是由于病毒基因组中 LTR 弱增强子特性所决定的。

2. 宿主

不同品系和不同个体所表现出的骨髓细胞性白血病发生的差异性以及 J 亚群 ALV 也诱发其他类型肿瘤的现象表明，肿瘤的发生与反转录病毒在复制过程中与宿主细胞的相互作用以及可能发生转化的细胞外整体因素有关，包括宿主的遗传背景，其中，癌基因在特定时间、特定位点的表达是造成不同肿瘤发生的原因。

2006 年，Mays 等[299]用带有 ALV-J LTR 的自然重组病毒 ALV-B 感染不同父母系商品代白莱航蛋鸡，结果，在不同系鸡中产生了不同比例的病毒血症、排毒和阳性抗体，但都引发了淋巴细胞白血病，而没有出现类似自然感染病例中的骨髓细胞瘤，表明病毒感染鸡所产生的肿瘤类型与宿主的遗传背景密切相关。张青婵[145]通过动物试验发现，不同毒株感染同一品种鸡诱发的肿瘤比例有一定差异，同一毒株感染不同品种鸡的肿瘤发生也有一定差异。这表明 ALV 诱发的肿瘤不仅与病毒特性有关，而且与宿主的个体差异关系更为密切。

3. ALV 的转化类型

慢性转化型 ALV 是含有病毒基因组完整组分、有复制能力的病毒。这类病毒的前病毒 DNA 整合接近宿主原始致癌基因如 c-myc 和 c-myb，通过 LTR 启动子激活细胞原癌基因或前病毒插入细胞抑癌基因后，通过插入的突变，从而形成肿瘤。ALV-A、ALV-B、ALV-C、ALV-D 为外源性慢性转化性病毒，以前的 ALV-J 也属于这类。这类 ALV 基因组中没有致瘤基因，在感染早期不易形成肿瘤，主要引起鸡生长迟缓，免疫抑制、产蛋率下降等。

急性转化型 ALV 可以将病毒致癌基因顺序转导进宿主基因组，并迅速在体外和体内转化细胞，迅速诱发肿瘤。这类病毒一般都有复制缺陷并且需要一种非缺陷性辅助 ALV 补充其遗传缺陷，如 ALV 的 MC29 和 MH2 株就是急性转化 ALV。急性转化型 ALV 还带有病毒性肿瘤基因（v-oncogene）[49]。

4. 亚群与毒株

禽白血病病毒的多数毒株均可引起一种以上的肿瘤，有一定的致瘤谱。RPL12 株 ALV 可以引起淋巴细胞性白血病、成红细胞性白血病、纤维肉瘤、血管瘤和骨硬化症。BAI-A 株 AMV 可引起成髓细胞性白血病、肉瘤、骨石化症、血管瘤、淋巴细胞性白血病、成肾细胞瘤、卵泡细胞瘤、粒层细胞瘤和上皮瘤。

典型的 J 亚群和 A、B 亚群病毒均不含有致瘤基因，然而慢转化性 HPRS-103 诱导骨髓细胞性白血病和其他肿瘤，A、B 亚群却诱导淋巴细胞性白血病。这种诱导肿瘤的差异性可能与 HPRS-103 在单核巨噬细胞系肿瘤基因附近控制基因比在淋巴细胞中作用更强有关。由于 LTR 启动子成分以及增强子成分涉及 HPRS-103 基因的表达，所以影响了表达的特异性。而在淋巴细胞性白血病中，c-myc 或 c-myb 基因主要在法氏囊淋巴细胞被激活，并可在 B 淋巴瘤细胞核中表达大量 62kD 的磷酸化蛋白。瘤化了的 B 淋巴细胞转移将取代正常的 B 淋巴细胞形成转化灶，引起典型的淋巴细胞性白血病病理特征。用病毒特异性抗原 gag 和囊膜蛋白进行的免疫组化研究表明，A 亚群对法氏囊、骨髓、肌肉有高度亲嗜性，对脾和胸腺无嗜好性；B 亚群对法氏囊和胸腺有嗜好性。但对感染雏鸡的研究发现，所有组织均有前病毒的合成和插入，而且 RAV-2 也在单核细胞中生长。因此，对血单核细胞的嗜性不能单独地解释骨髓细胞性白血病的发生。

5. ALV-J 感染致多种不同类型肿瘤的可能机制[223]

ALV-J 引起的肿瘤多样性正日益成为 ALV-J 致病机理研究的焦点。就目前的研究结果，初步认为对于 ALV-J 感染鸡群产生多种不同肿瘤，其影响因素为多方面的。首先，可能与 ALV-J 毒株不断变异、基因突变或与其他病毒重组，以及鸡的感染剂量、感染途径、饲养环境等外部条件差异有关；其次，可能受鸡群中的个体差异、日龄、自身免疫状态、对病毒耐受性等诸多内部因素的影响；再次，感染 ALV-J 后产生免疫抑制，为其他病原的侵入创造了条件等，都可使 ALV-J 诱导多种肿瘤的发生，但其在我国特有环境下的多潜能致瘤机制需要进一步研究。

### 三、ALV-J 致瘤的细胞机制

骨髓细胞瘤（ML）病鸡骨髓中的骨髓成分和其他器官中的增生物几乎完全由骨髓细胞组成。产生骨髓细胞瘤的病鸡，骨髓组织的变化比较明显，可以认为骨髓组织中的髓细胞是 ALV-J 的靶细胞[6,76]。ALV-J 对骨髓细胞或骨髓单核细胞具有高度的亲和性。ALV-J 通过某种机制使髓细胞过度增殖。

正常的骨髓干细胞在 ALV-J 的作用下不断增生恶变，先形成骨髓瘤，骨髓瘤迅速扩张，挤穿骨质向骨膜外延伸；同时，通过二次病毒血症向全身扩散，最终导致了全身性骨髓细胞瘤或髓性白血病（myeloid leukosis，ML）[40]。成子强等[91]在研究中观察到肿瘤细胞不但可以通过 Haversian 系统和 Volkman's 通道转移到骨膜下增生，而且可以通过血流转移到其他组织中，并认为转移的机理可能和病毒感染造成的细胞因子及黏附分子的改变有关。

ALV-J 在细胞内形成的子代病毒使骨髓内幼稚细胞停止在某一阶段，不能继续发育为成熟细胞，从而转化为肿瘤细胞[99]。顾玉芳等[99]用 ALV-J 内蒙株 IMC10200 回归肉鸡胚，发现骨髓组织各系细胞数量均有变化，尤其是嗜酸性中、晚幼粒细胞数量明显增多，转化为瘤细胞，使骨髓组织结构发生改变，同时对外周血细胞的观察结果表明，在典型骨髓细胞白血病病鸡血液中可以见到上述幼稚的髓细胞，提示这些瘤细胞是在骨髓组织中异常增殖后进入血液，再向体内其他组织转移形成肿瘤，同时认为，禽骨髓细胞白血病瘤细胞主要来源于骨髓粒细胞系嗜酸性中、晚幼粒细胞。

## 第二节　病毒感染与免疫抑制

ALV 感染鸡群后，引起鸡的免疫抑制。ALV 感染引起的免疫抑制使鸡群对疫苗免疫应答水平降低，抗体水平不高；经常会出现对其他病毒的敏感性和细菌的继发感染增加。剖检和病理组织学检查最常见的变化是免疫器官萎缩，白细胞数量减少和淋巴细胞转化反应机能降低。

## 一、ALV 导致免疫抑制的机理

1. 抑制免疫细胞的发育

家禽免疫系统内最重要的 3 类免疫细胞是 B 淋巴细胞、T 淋巴细胞和巨噬细胞，禽白血病病毒的感染可能危害其中的淋巴细胞或成淋巴细胞。

在蛋的形成过程中（20～24h），母源抗体分泌入卵黄之中，在胚胎发育的第 3 周内，B 淋巴细胞和 T 淋巴细胞向法氏囊和胸腺的上皮组织中移行，通过法氏囊对这些细胞分化方式的调节，使其移向血液、脾脏、盲肠、扁桃体、骨髓、胸腺和哈德氏腺（次级淋巴组织）。如果早期感染 ALV，可能直接造成这些淋巴细胞未到达次级淋巴组织，就遭到了损害。在淋巴细胞性白血病（LL）患鸡中，最早在 2 周龄时，法氏囊已出现异常的淋巴滤泡，其中充满转化的淋巴细胞，随着肿瘤细胞的增生，将有更多的淋巴滤泡发生同样的病变。转化的 B 细胞失去了由产生 IgM 发育为产生 IgG 细胞的能力。

张青婵[145]通过动物试验发现，在感染早期 ALV 对宿主免疫系统的发育没有造成明显的病理影响，但在宿主性成熟前后，ALV 攻毒组开始出现肿瘤病例，感染动物血液中受 ALV 影响的白细胞和淋巴细胞也发生了不同程度的变化，认为细胞数的上升或下降可能与病毒引起肿瘤的类型有关，并由此推测，检测血液中白细胞数和淋巴细胞数的动态变化，可能为实时监测鸡群中禽白血病的发病情况提供理论指导。

2. 抑制免疫器官的发育

ALV 感染鸡后，会导致免疫器官萎缩[11,107]。ALV-J 感染可引起鸡对特定疫苗的免疫抑制并引起中枢免疫器官萎缩[107]。

商营利等[112]通过人工感染雏鸡 ALV-J 研究其免疫抑制机理，结果发现感染早期可诱导胸腺、法氏囊的淋巴细胞凋亡，这种早期的淋巴细胞凋亡是胸腺和法氏囊萎缩的重要原因之一。病理组织学动态观察表明，ALV-J 主要引起骨髓的髓系细胞灶状或弥漫性增生，病变导致骨髓机能受损，使机体免疫机能下降。病毒感染组免疫器官均发生了严重的实质萎缩性病变，这种病变的发生除与骨髓的病变及淋巴细胞凋亡有关外，还与中后期淋巴细胞的坏死有关，从而导致严重的免疫抑制。胸腺、法氏囊及脾脏中淋巴细胞的凋亡，以胸腺和法氏囊这 2 个中枢免疫器官最为显著。淋巴细胞的凋亡现象主要在早期，随日龄的增加，凋亡细胞逐渐减少，这种早期的淋巴细胞凋亡是胸腺、法氏囊等免疫器官淋巴细胞缺失的主要原因。据此推测了 ALV-J 免疫抑制的机理。ALV-J 感染后，首先引起骨髓的严重病变，骨髓是造血器官和重要的中枢免疫器官，是淋巴干细胞发育的场所，病毒感染后，骨髓免疫细胞减少，这必然会导致机体的免疫机能受损，这是免疫抑制的根本原因。随后，胸腺和法氏囊因其中淋巴细胞减少而显著萎缩。淋巴细胞减少有 2 方面的原因，一是早期病毒感染引起的淋巴细胞凋亡、坏死；二是由于骨髓的病变造成的淋巴干细胞减少。胸腺和法氏囊是 B 淋巴细胞和 T 淋巴细胞分化成熟的场所，其病变必然导致机体的免疫机能下降。骨髓、胸腺和法氏囊的病变都会导致脾脏等外周免疫器官中成熟淋巴细胞减少。脾脏是机体产生抗体和行使免疫反应的主要场所，脾脏淋巴细胞的缺失会导致机体体液免疫、细胞免疫和非特异性免疫功能降低，是发生免疫抑制的直接原因。淋巴器官及骨髓变性，导致功能性 IL-2 的合成受到干扰，影响到 T 淋巴细胞、B 淋巴细胞的成熟和分化，从而可能导致机体产生免疫抑制。免疫抑制机理模式可参考图 3 –4[112]。

3. *抑制体液免疫*

慢性转化型 ALV-J 诱导淋巴细胞瘤后，使 B 淋巴瘤增生性 B 细胞的分化停滞在 IgM 产生阶段[46]，从而影响了 IgG 的合成，进而使体液免疫受到抑制。ALV-J 感染后，淋巴器官及骨髓变性，形

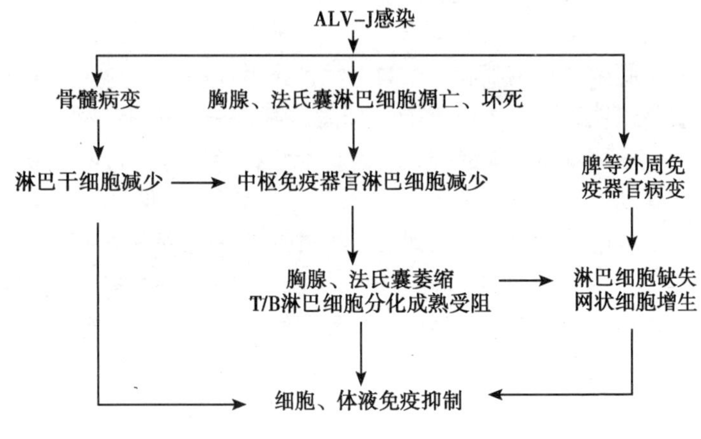


**图 3－4　ALV-J 免疫抑制机理模式**

成骨髓瘤，导致功能性 IL-2 的合成受到干扰，影响到 T 淋巴细胞、B 淋巴细胞的成熟和分化，从而可能导致机体产生免疫抑制[95]。

孟珊珊等[113]通过试验发现，鸡单独感染 ALV-J 时，仅有 30% 的鸡产生了抗体。祝丽等[95]认为，在 ALV-J 感染造成的持续免疫抑制阶段，传染性支气管炎病毒、新城疫病毒和呼肠孤病毒疫苗的保护率降低。然而，也有人认为 ALV-J 感染所引起的免疫抑制，仅限于鸡对某些抗原的免疫反应[107]，如减弱 NDV 疫苗诱发的抗体反应，但对 IBDV 弱毒疫苗诱发的抗体反应没有影响。

4. 抑制细胞免疫

Cianciolo 等[95]比较了 12 种动物的反转录病毒，选其同源性比例高的氨基酸合成了代表反转录病毒免疫抑制原型氨基酸序列的肽段 CKS-1～17（共 17 个氨基酸），研究发现，CKS-17 这一合成的肽段无论在体外，还是体内，都显示了较强的免疫抑制活性。因此，可通过 CKS-17 来调查反转录病毒诱导免疫抑制的机理。研究发现，CKS-17 通过激活 cAMP/PKA（第二信使/蛋白激酶 A）途径和抑制 PKC（蛋白激酶 C）途径使细胞因子的生物合成失调，其抑制Ⅰ型细胞因子 IL-2、IL-12 和 IFN-γ，而持续性增强Ⅱ型细胞因子 IL-10、IL-4、IL-5、IL-6、IL-13 的合成，从而抑制细胞介导的免疫。

5. 免疫抑制性多肽的作用

禽白血病病毒引起免疫抑制的决定因素在 TM 区。ALV 的 TM 卷曲螺旋区中存在一个由 27 个氨基酸组成的高度保守的免疫抑制序列，有人将这种高度保守区命名为免疫抑制区（ISU）。通过不同 ALV 毒株之间的比较确定，这个保守序列不存在毒株之间的差异。很多动物反转录病毒的 TM 区内都有高度保守区，以该区合成的多肽称为免疫抑制性多肽。

ISU 包含了一个亮氨酸拉链区，此区折叠成一个独特的 α 螺旋，可能和胞外片段内的抗体反应区（ARD）具有强烈的相互作用。因此，可以推测 ISU 和 ARD 之间的相互协调、相互制约的平衡关系可能就是免疫抑制发生与否的关键。

反转录病毒的 TM 能够抑制体内、体外的整个免疫应答。TM 引起的体内免疫抑制可能是产生肿瘤的先决条件，并为继发感染其他病原创造了条件[95]。

张青婵[145]用来源不同的 ALV-A 接种不同品种鸡的 5 日龄鸡胚，雏鸡出壳后第 10 天免疫新城疫病毒（NDV）和禽流感病毒（AIV）疫苗，结果不同毒株针对不同品种鸡产生了不同程度的免疫抑制，这可能与病毒的 TM 结构有关。

6. 免疫耐受

孵化后早期感染 ALV-J 后，肉鸡和蛋鸡表现出明显不同的两种反应[36]。多数品系的蛋鸡能够产生中和抗体以中和病毒，表现为一过性病毒血症；而所有品系的肉鸡感染后有一定数量宿主却没有产生中和抗体，呈现持续性病毒血症[94]。

先天性感染鸡能产生免疫耐受，不识别外来抗原，也不产生完整的免疫应答[46]。有人认为，内源 env 基因会在禽胚胎时期的低量表达引起了禽的免疫耐受。但也有人认为，内源 env 基因在禽胚胎时期的低量表达与禽的免疫耐受现象并没有直接的关系，因为禽的免疫耐受现象是由双隐性基因控制的，即禽的基因型只有是隐性纯和时，env 基因在禽的胚胎时期低量表达才会引起禽的免疫耐受现象，否则禽不会表现出免疫耐受现象[40]。

7. 混合感染的免疫抑制作用

王建新等[107]做了 ALV-J 与禽网状内皮增生症病毒（REV）共感染对肉鸡生长和免疫功能抑制作用的试验，通过比较体重指数、免疫器官指数和对弱毒疫苗的抗体水平，比较系统地阐明了 ALV-J 的免疫抑制作用，并指出了 ALV-J 和 REV 混合感染的免疫抑制作用更为明显。

## 二、不同 ALV 毒株在不同品系鸡中对不同疫苗的免疫抑制差异

不同 ALV 毒株在不同品系鸡中对不同疫苗的免疫抑制存在差异，即 A 毒株对 A 品系鸡产生免疫抑制作用，但可能对 B 品系鸡没有免疫抑制作用，或者说 A 毒株对 A、B 品系的鸡均有免疫抑制作用，而 B 毒株可能仅对 A 品系鸡有免疫抑制作用，对 B 品系的鸡没有免疫抑制作用。

张青婵[145]通过免疫动物试验发现，不同 ALV 毒株在不同品系鸡中的免疫抑制存在差异。对新城疫病毒（NDV）疫苗而言，在白羽肉鸡中，ALV-A 的分离株 SDAU09C1 与 NX0101 一样，对 NDV 疫苗产生了免疫抑制，而且二者之间差异不显著，而 SDAU09C3 可能对 NDV 疫苗不形成免疫抑制；在 HN 蛋鸡中，与 NX0101 相比，SDAU09C1 和 SDAU09C3 对 NDV 疫苗可能没有产生免疫抑制；在 SPF 鸡中，NX0101、SDAU09C1 和 SDAU09C3 对 NDV 疫苗可能都没有产生免疫抑制。对 H9 亚型禽流感病毒（AIV-H9）疫苗而言，在白羽肉鸡中，SDAU09C3 和 NX0101 对 AIV-H9 疫苗没有产生免疫抑制，而 SDAU09C1 可能对 AIV-H9 疫苗形成了免疫抑制；在 HN 蛋鸡中，NX0101 可能对 AIV-H9 疫苗产生了免疫抑制，而 SDAU09C1 和 SDAU09C3 对 AIV-H9 疫苗没有形成免疫抑制；在 SPF 鸡，3 株 ALV 对 AIV-H9 疫苗可能都产生了免疫抑制。对 H5 亚型禽流感病毒（AIV-H5）疫苗而言，在白羽肉鸡中，

NX0101 对 AIV-H5 疫苗可能不形成免疫抑制，而 SDAU09C1 与 SDAU09C3 对 AIV-H5 疫苗可能产生免疫抑制，而且二者之间差异不显著；在 HN 蛋鸡，3 株 ALV 对 AIV-H5 疫苗可能不产生免疫抑制；在 SPF 鸡中，NX0101 和 SDAU09C1 对 AIV-H5 疫苗可能产生免疫抑制。这种免疫抑制差异可能与疫苗免疫后的作用方式及病毒与宿主的相互作用有关。

## 第三节　病毒感染与抑制鸡只生长和引起生产性能降低

ALV 感染对家禽所造成的影响，除了因肿瘤造成鸡只死亡或胴体品质下降外，亚临床感染（subclinical infection）造成的生产性能下降、免疫抑制等，可以带来相当大的经济损失[188]。

### 一、ALV 的生长与生产抑制机理

ALV 感染的肉用种鸡后，表现消瘦、鸡冠苍白、生长发育不良，其产蛋率、受精率和孵化率明显下降[106]。ALV-J 感染可导致鸡的生长迟缓[11,107]，鸡群的生产性能大大降低[36,93]。种公鸡感染本病后，由于发育受到影响，导致受精率降低；种母鸡感染本病，产蛋量下降[34]。垂直感染 ALV-J 的商品代肉鸡，其生长速度显著低于没有垂直感染的同批对照鸡[108]。

1. 对生长性能的抑制

刘思当等[109]和孙晴等[110]通过人工感染 1 日龄肉仔鸡 ALV-J，发现鸡的体重在生长中后期受到严重抑制，在第 5 周左右出现显著性差异。这可能是因为感染鸡血液中的病毒在 3 ~ 6 周能增加 10 倍[39]。

孙晴等[110]通过人工感染 1 日龄肉仔鸡 ALV-J，攻毒组的血清总蛋白（TP）量在 1 ~ 3 周体重还没有显示差异性时已经显著低于对照组；攻毒组的血清胆固醇（CHO）含量虽然下降，但与对照

组没有显著差异；攻毒组的血清甘油三酯（TG）含量在攻毒后就比对照组高，在攻毒后1～5周显著提高；攻毒组的高密度脂蛋白胆固醇（HDL-c）比对照组的低，而低密度脂蛋白胆固醇（LDL-c）含量在攻毒后1～7周显著高于对照组。他们分析认为，攻毒引起鸡食欲降低，摄入的碳水化合物和蛋白质不足，导致肝脏坏死，造成合成作用减弱，同时伴有肠道炎症，致使消化功能紊乱，造成血液总蛋白含量下降；攻毒组的免疫器官重量明显低于对照组，IgG的含量生成减少，也是造成总蛋白下降的原因。胰岛素可以促进氨基酸进入细胞，从而促进蛋白质合成，攻毒鸡胰腺坏死严重，胰岛素分泌减少，也降低了蛋白质合成。HDL-c由肝脏和肠道合成与分泌，它的浓度与血浆浓度成反比关系，HDL的下降可能造成血浆内TG的上升。LDL是许多组织吸收胆固醇酯和胆固醇的中介体，LDL-c的升高造成血清内胆固醇的减少速率增加，可能是引起血清内胆固醇含量降低的原因；肝脏与肠道合成胆固醇的量减少也有影响。胆固醇是体内所有其他类固醇的前体，例如，皮质类固醇、性激素和维生素的前体，胆固醇在血清中含量的降低将影响这些激素在体内的产生，抑制鸡的生长与性成熟；体重抑制与性成熟推迟是它的间接体现。同时他们还发现，血清指标与肿瘤的出现还存在相关性，发展成肿瘤的鸡的血清，这几种数据比同期的鸡未形成肿瘤的血清指标偏低。

2. 对产蛋机能的抑制

李晓华等[226]通过对一个大型蛋用鸡场的不同种源商品代蛋鸡群的ALV-J感染状态与鸡群总死淘率、肿瘤发生率、生产性能的相关性进行了研究，结果表明，从ALV-J感染的父母代鸡场引进的商品代蛋鸡，从性成熟开始不仅整个鸡群的ALV-J抗体阳性率较高，而且总死淘率显著高于生产标准，主要是由肿瘤/血管瘤引起。徐镔蕊等[111]用ALV-Jgp85单抗（F144）证明ALV-J感染蛋鸡造成卵巢、输卵管发育不良，从而造成蛋鸡不产蛋。他认为，ALV-J感染鸡后，可能会导致p53抑癌基因的突变，使p53蛋白大量表达，从卵巢、输卵管的生长发育来看，促性腺激素释放激素

（GnRH）在下丘脑的释放调节垂体前叶促卵泡素（FSH）和促黄体素（LH）的释放，卵巢的颗粒细胞和卵泡的内膜细胞的生长分别受 LH 和 FSH 的调控，而卵巢分泌的孕酮和卵泡分泌的雌激素刺激输卵管的生长。当卵巢组织中有大量骨髓瘤细胞呈灶状分布、空泡状结构和红染的大小不一的圆滴状结构破坏了卵巢正常结构，必然影响卵巢分泌的孕酮和卵泡分泌的雌激素刺激输卵管生长的生理功能。

## 二、不同毒株对不同品系鸡的生长抑制差异

张青婵[145]通过免疫动物试验发现，不同 ALV 毒株对不同品系鸡的生长抑制存在差异。在白羽肉鸡中，NX0101 对白羽肉鸡的生长抑制作用较大，SDAU09C1 对白羽肉鸡的生长也会产生一定水平的影响，但作用比 NX0101 弱。在 HN 蛋鸡中，SDAU09C3 对 HN 蛋鸡的生长抑制作用最大，SDAU09C1 次之，NX0101 对 HN 蛋鸡的生长抑制作用最弱。在 SPF 鸡中，SDAU09C1 和 NX0101 对 SPF 鸡生长性能的影响水平相当，且都大于 SDAU09C3 的影响。这种差异可能与病毒来源及病毒和宿主的相互作用有关。

# 第四章　禽白血病的流行病学

## 第一节　分　布

### 一、地区分布

目前，禽白血病已经呈世界性分布，欧洲、亚洲、非洲、南美洲、北美洲的一些国家和地区均有禽白血病的发生，如荷兰、瑞士、德国、法国、捷克、英国、美国、朝鲜、韩国、日本、澳大利亚、马来西亚、哥斯达黎加、以色列、伊朗等很多国家和地区都有禽白血病发生的报道，严重危害了这些国家的养鸡业的发展。在我国，禽白血病也已广泛存在。表 4－1 展示了 ALV-A、ALV-B、ALV-C、ALV-D、ALV-J 亚群在我国部分省份和地区的分布（统计源于国内期刊或论文中，具体介绍了 ALV 亚群的感染情况）。

**表 4－1　外源性 ALV 在我国的部分省份/地区分布**

| 亚群 | 我国省份和地区 |
| --- | --- |
| A | 山东[21]，湖北[114]，贵州[115]，广东[116]，北京[117]，江苏[212]，安徽[212]，甘肃[276] |
| B | 湖北[114]，吉林[5]，山东[163]，甘肃[276] |
| C | 山东[21] |
| J | 山东[21]，湖北[114]，江苏[13]，内蒙古[118]，黑龙江，吉林，辽宁，宁夏安徽，广东[5]，贵州[115]，河南[119]，山西，四川，北京，河北，甘肃[178]，台湾[189]，天津[267] |

这里没有列出一些有 A/B 亚群、但未具体区分的报道；D 亚

群在中国几乎没有报道。

## 二、体内分布

ALV 在感染宿主体内的分布并不一致。ALV-J 感染鸡的所有体液、分泌液和排泄液都有病毒[38]。对 ALV 不同亚群进行病毒定位观察可以肯定，ALV 在所有组织中都能广泛地复制。Arshad 等[300]用免疫组化方法检测 gag p27 蛋白抗原和用原位杂交方法检测病毒 RNA，其证明 J 亚群在宿主的各种组织细胞中存在前病毒 DNA 的插入和病毒蛋白的表达，包括平滑肌和结缔组织。染色密集的组织存在于腺体、心脏、肾脏、腺胃和其他一些胃肠管。Stedman 等[301]利用 H5/H7 引物对 HPRS-103 的扩增产物制备探针并对自然感染的肉鸡进行原位杂交的结果揭示，病毒 RNA 强阳性杂交信号位于心肌细胞、浦肯野氏纤维、血管平滑肌、肺、肾小球、远曲小管和法氏囊淋巴滤泡的髓质区。

# 第二节　传染源

病鸡、带毒鸡和感染的种蛋是本病的传染源。无症状的带毒鸡由于缺乏临床症状，往往不易引起人们的注意，进而造成更大的危害。有病毒血症的母鸡，其整个生殖系统内都有病毒，尤其是输卵管的蛋清分泌部，病毒浓度最高。因此，这种带毒鸡所产的蛋中常带有病毒，造成鸡胚的垂直感染，电镜研究表明感染鸡胚的许多器官都有病毒粒子，并且在鸡胚的胰腺腺泡细胞内发现有大量的病毒聚积，这些病毒粒子具有很高的传染性，经新孵出的雏鸡的粪便排毒，又可引起水平感染。所以，病鸡、带毒鸡（种蛋）及其粪便等排泄物、分泌物都是非常危险的传染源。公鸡是病毒的携带者，可通过接触和交配成为感染其他禽类的传染源。

在 ALV 感染的鸡群中存在 4 种类型：即无病毒血症无抗体（V－A－），无病毒血症有抗体（V－A＋），有病毒血症有抗体

（V+A+），有病毒血症无抗体（V+A-）。再根据排毒情况（S±）可判断鸡只的感染状况。病毒的检测可通过免疫荧光或PCR，抗体检测可通过ELISA方法，排毒可通过群特异性抗原（GSA）进行检测。鸡群中V-A-S-鸡属于未感染鸡或易感鸡群中有遗传抵抗力的鸡；感染鸡群中遗传学敏感的鸡属于其他3种中的1种。先天感染的雏鸡，常出现免疫耐受现象（V+A-S+），形成病毒血症，在鸡的血液和组织中含有高水平病毒，但缺乏抗体，这种鸡即使长成成鸡后，仍可带毒、排毒，成为重要的传染源。后天接触感染的鸡只，其带毒、抗体、排毒状况和感染的日龄有关。1日龄或2日龄雏鸡感染时，和先天感染相似，为V+A-S+，这时发病率高、致死率高，残留母鸡以较高的比例向其子代传递ALV。而在较大日龄感染时（4~8周龄以后），常容易出现V-A+或V+A+，这些抗体阳性鸡大部分不排毒（S-），而少部分可排毒（S+），这时感染鸡的发病率和死亡率大大降低。少数V-A+母鸡可先天传播该病毒，并且常为间歇性，在抗体滴度较低的鸡中更常见。

传染性病毒粒子可在肠道、肠腺体、胆道的上皮细胞内繁殖，特别是肝脏和胰脏更适合病毒的繁殖，因此，病毒常随排泄物排出，污染周围环境，成为水平传播的传染源。感染母鸡经卵传递病毒的能力在18月龄以下较强。

## 第三节　易感动物

不同亚群的ALV在不同细胞表面有其相应的受体，从而感染时有一定的宿主特异性。

### 一、ALV的常规宿主

ALV的易感动物主要是禽类。在禽类中，ALV容易感染鸡，也还没有发现有遗传抗性的鸡品系。到目前为止，除了雉鸡、鹧鸪和鹌鹑外，ALV 在水禽（鸭和鹅）等其他禽类中的感染或发病的报道非常罕见。

在鸡的品种上，ALV 可以感染很多品种，表 4－2 介绍了国内期刊报道的感染 ALV 的鸡品种。ALV 感染在我国鸡群中相当普遍，但是，鸡群类型不同，感染率的高低差别也很大[144]。近年来，ALV-J 的宿主从肉鸡扩大到蛋鸡、地方品种鸡。

**表 4－2　感染 ALV 的鸡品种**

| 亚群 | 鸡的品种 |
|---|---|
| A | 817 肉杂鸡[120]，白羽肉鸡[145]，罗斯肉种鸡[21]，铁脚麻肉种鸡[115]，黄羽肉种鸡[116]，白羽肉种鸡[145]，裸头种鸡和红羽肉土鸡[188]，HR 土鸡[230]，三黄肉鸡，海兰蛋鸡，AA 肉鸡[276] |
| B | 芦花鸡[163]，海兰白[183]，三黄肉鸡，海兰蛋鸡，AA 肉鸡[276] |
| J | 817 肉杂鸡[120]，白羽肉鸡[145]，AA[172]，艾维茵[172]，科宝[172]，海兰（海兰褐/灰）[7]，海兰白[244]，立克粉[7]，铁脚麻肉种鸡[115]，三黄鸡[143]，麻鸡[9]（青脚麻鸡，清远麻鸡，中国麻鸡），黑羽肉土鸡[188]，竹丝鸡和矮 D[194]，白莱航[203]，芦花鸡[224]，HR 土鸡[230]，百日鸡[231]，五华鸡[245]，迪卡蛋鸡[257]，皖南黄鸡[259]，黄山黑鸡，斗鸡[265]，罗曼[266]，尼克[268]，宫廷黄鸡，金红金粉，陕西大匠[276] |
| K | 芦花鸡[277] |

另外，吴彤等[168]通过 AA 肉用雏鸡进行了禽成骨髓细胞增生性病毒的攻毒试验，并建立了 ELISA 方法，用该方法检测到 5 个品种（红布罗、罗曼、贵州黄、艾维茵、明星）鸡的种蛋蛋清中存在 ALV gs 抗原，但不清楚是内源性的，还是外源性的，也不清楚病毒的亚群。陈瑞爱等[194]还报道了其他几种感染 ALV 的鸡的品种，如罗斯 308、AA +、江汉土鸡、瑶山鸡，但未指明是哪个亚群的 ALV。李文婷等[253]通过 p27 抗原检测试剂盒（ELISA 方法）检测到如皋草鸡体内存在着 p27 抗原，但未能区分内源性或外源性的 ALV。钱晨[266]通过 ELISA 抗体检测试剂盒检测了江苏省不同地区不同品种的鸡的 ALV 感染情况，发现麻鸡、罗曼蛋鸡、青脚麻鸡、海兰蛋鸡、黄羽肉鸡、海兰灰鸡中存在 ALV-A/B 的感染，但未指

明具体亚群。刘丽娜等[271]从湖北省某鸡场的病鸡中分离到一株ALV-J，但未指明地方土鸡的品种。郭慧君等[21]在2009年分离到一株ALV-C，来自山东地方鸡，但未指明其鸡品种。

### 二、ALV的非常规宿主

赵振华[174]报道，火鸡和其他禽类也可感染ALV。Payne[191]报道，竹鸡等鸟禽类也可感染。在实验条件下，有些病毒具有较广的宿主范围，并且通过在很年轻的动物传代或在接种前先诱导免疫耐受，可使病毒适应于非常规宿主。Rous肉瘤病毒的宿主范围广，可引起鸡、雉、珍珠鸡、鸭、鸽、日本鹌鹑、火鸡和岩鹧鸪的肿瘤。Nehyba等[302]发现，鸭胚接种ALV-C后孵出的鸭子，组织带毒至少3年，但不出现病毒血症和中和抗体。卢玉葵等[246]报道了一例朗德鹅的疑似白血病的病例，但未进行病原学鉴定。

ALV发生基因重组或突变，会导致宿主范围的扩大。Rainey等[227]研究发现，ALV-B囊膜基因内hr1区一个氨基酸突变，导致了ALV-B宿主范围向非禽细胞扩展，包括人、狗、猫、鼠等。李德龙等[285,286]在中国东北地区野生鸟类（主要为雁形目的野鸭和雀形目的各种小型鸟类）中检测到ALV-B和ALV-J的核酸序列，表明ALV在野生鸟类中也是存在的。

## 第四节　传播途径与方式

### 一、传播途径

我国地方品系鸡一直以来都是自繁自育，无外来血缘。如在地方品系鸡中检测到ALV，则可能是通过水平传播的方式传入鸡群的。但是，这个水平方式的传播是通过哪些途径来完成病毒传播的呢？目前，这个问题还没有搞清楚。在我国，很多地区在免疫时使用一个针头注射大面积的鸡群，这势必会扩大ALV的传播。崔治中[269]指出，免疫时不更换针头是 ALV-J 传播的一个主要途径。被 ALV 污染的弱毒疫苗也是重要的传播途径。

在试验条件下，Rous 肉瘤病毒和其他肉瘤病毒经皮下、肌肉或腹腔接种或与鸡接触均可引起肿瘤。1 日龄雏鸡脑内接种可以用于检测对该病毒的遗传抵抗力。某些毒株经静脉接种 1 日龄雏鸡或肌肉注射感染性材料检测其骨石化病的诱导活性。常用腹腔接种或肌肉接种 1 日龄雏鸡用于 ALV-J 的试验性研究。

## 二、传播方式

ALV 的传播方式包括垂直传播和水平传播（图 4－1）[177]。ALV 的传播方式对其感染类型影响很大。如果鸡孵化几天后引起水平感染，鸡可能不发生白血病，而是产生中和抗体，对进一步感染和病毒复制产生免疫。如果病毒先天性传递，鸡在胚胎发生中引起典型病毒血症，并保持对病毒抗原终身耐受，鸡生长正常，但成年时常发生白血病。这种鸡由于不断产生病毒，是水平感染和先天性感染的主要来源[88]。

1. 外源性 ALV 的传播方式

外源性 ALV 有两种传播方式：在鸡之间通过直接或间接接触发生水平传播，也可通过种蛋由母鸡向后代进行垂直传播[122]。

（1）水平传播　通过 ALV 污染的分泌物、排泄物和设备如注射针头等，感染其他细胞、器官及鸡体，如小鸡孵化或鸡在交配时通过密切接触而感染[146]。雏鸡阶段是 ALV 传播过程中最重要的阶段。Witter 等[123]报道经垂直感染的雏鸡出壳后可在孵化厅内及运输箱中造成明显横向传播。研究表明，出壳至 28 日龄无母源抗体雏鸡在与 ALV 感染发病鸡接触后可 100% 感染。易感期过后，ALV 不易通过间接接触（饲养于不同的鸡舍或不同的笼子）传播，可能是由于病毒在鸡体外存活时间相对较短的缘故。

水平传播对保持和促进垂直传播起到了一定的作用，尤其是在孵化期间和孵出的第一周。在某些条件下，通过水平传播的母鸡感染可发展为持续的感染并将病毒传播给子代。但这种现象在 A 亚

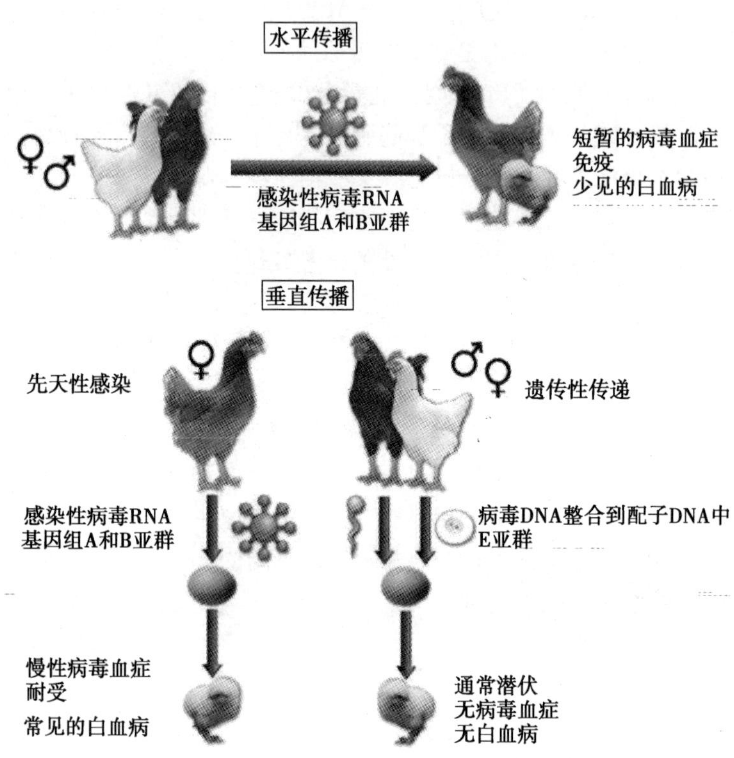


**图4－1　禽白血病病毒的传播方式**

群 ALV 中非常少见，除非缺乏母源抗体、发生免疫应激或内源性病毒的出现使宿主的易感性增强。

水平感染在其他亚群病毒常常导致鸡体抗体的产生，鸡只不产生病毒血症，不排毒；然而，在同样条件下，ALV-J 的感染与否与鸡的品种及鸡的年龄有关，当感染肉用型鸡时，鸡体出现有抗体，不排毒，呈现无病毒状态，当感染蛋用鸡只时，鸡体或者产生免疫耐受，或者出现短暂的病毒血症后产生免疫，其中一部分免疫鸡将排毒，体内仍然可以检测到抗体，这种免疫耐受不彻底，尽管在血清中检测不到中和抗体，在脾脏中仍能检测到产生抗体的细胞。

公鸡在 ALV 的传播中仅起次要作用，不引起对后代的先天感染。ALV 不在精细胞中繁殖，公鸡仅是病毒携带者，可以通过接触或性交传染给其他鸡。

（2）垂直传播　垂直传播由于在世代间持续不断，因此，流行病学意义很重要。垂直传播是 ALV-A 和 ALV-B 的主要传播方式，ALV-J 也可以这种方式传播。ALV 经垂直方式感染鸡只后，在很长的时间内，几乎不出现抗体反应，而表现为持续的耐受性病毒血症，而且在泄殖腔也持续性排毒[124]。垂直传播的鸡容易患肿瘤，这些鸡体内带有高浓度的 ALV，是水平传播的主要来源[145]。较老的母鸡（2 岁或 3 岁）经卵传播病毒不如 18 月龄以下的鸡那样经常，水平也更低。

大多数 V + A – 母鸡均以较高的比例向其子代传递 ALV，少数 V – A + 母鸡可先天传播该病毒，并且常为间歇性，这种情况在抗体滴度较低的鸡更常见；先天感染的鸡胚可产生对病毒的免疫耐受性，孵出的鸡为 V + A – 类，在鸡的血液和组织中含有高水平病毒，但缺乏抗体[145]。

鸡胚的先天感染与母鸡将 ALV 排入蛋清以及与母鸡泄殖腔中存在病毒密切相关，也与病毒血症高度相关。病毒排到蛋清并传给鸡胚是输卵管蛋清分泌腺增殖病毒的结果。在垂直传播 ALV 的绝大多数母鸡，病毒滴度最高的部位是输卵管壶腹部。这表明鸡胚感染与输卵管增殖的 ALV 有密切关系，而与身体其他部位转移来的病毒无关。并非所有蛋清中带有 ALV 的卵都能引起鸡胚或雏鸡的感染。仅有大约 1/2 ~ 1/8 的鸡胚感染是由蛋清中的病毒引起，而大部分感染是由水平传播引起的。这种间歇性遗传传播可能是由于病毒被卵黄抗体中和或被热灭活而丢失的结果。已经发现，在群特异性抗原检测不到的情况下出现 ALV 的先天性传播[166]。

2. 内源性 ALV 的传播方式

内源性 ALV 一般通过鸡的生殖细胞进行遗传性传播[147]。遗传性传播是由于病毒感染了蛋的干细胞，以至随着胚的生长，感染细胞随之而分裂，子细胞含有来自内源性病毒的遗传物质，感染鸡群的部分后代将接受感染性前病毒的拷贝，这种前病毒已经与细胞的遗传物质相协调，就好像是细胞基因组的一种天然成分。许多内源性 ALV 是遗传缺陷型的，不能产生感染性病毒粒子，但也有些非缺陷型病毒可以在鸡胚或出壳的雏鸡体内表达产生感染性的病毒粒子。内源性非缺陷型禽白血病病毒以与外源性病毒相似的方式传播，这类病毒具有微弱的或者无致瘤的能力，但可以干扰鸡对外源性 ALV 的应答[148]。

## 三、ALV-J 的传播

ALV-J 可垂直传播和水平传播。

1. 垂直传播

ALV-J 主要通过种鸡→种蛋→孵化鸡胚→雏鸡这一途径从上一代种鸡群感染下一代鸡群，并且逐代放大[226]。鸡胚先天感染后，可导致持久的免疫耐受，抗体阴性，孵出的雏鸡出现病毒血症，这些鸡可能成为子代鸡的 ALV-J 传播者，并且易于产生 ML 和其他肿瘤。据报道，实验性接种 HPRS-103 诱导 ML 的百分率大约为 30%。研究显示，和 HPRS-103 株关系密切的内源性病毒 EAV-HP env 在鸡胚中的表达与免疫耐受有关，在 ALV-J 感染的肉鸡中，这种特征占相当大的比例。不同品系和不同日龄的鸡感染结果不同，通过注射或接触感染 1 日龄的肉鸡，导致一部分肉鸡变成持久的耐受病毒血症（V + A -），而另一部分肉鸡产生短暂的病毒血症，然后变成免疫鸡。

通常通过垂直传播外源性 ALV-J 而感染的鸡的产蛋量和存活率都比水平传播而感染的鸡低。在蛋清中检测群特异性抗原（GSA）为阳性的鸡称为排毒者。由 GSA 排毒母鸡产的蛋在质量、重量和孵化率方面都明显的比正常母鸡低。

2. 水平传播

ALV-J 水平传播比其他亚群更加迅速，产生更加不利的结果。在孵化、出壳及育雏期间，感染的雏鸡与健康雏鸡通过直接或间接接触会导致大比例的鸡感染 ALV-J，其肿瘤发生率也达到了 5%[123]。在一些研究中，在商品肉种鸡中 ALV-J 的病毒血症从孵出雏鸡时的9%至4周龄时的88%；约50%的水平感染鸡发展为持续的病毒血症，约25%的母鸡将病毒传给了子代。由于感染ALV-J鸡免疫应答的多样性，使感染鸡的水平传播及其他生物学特性非常复杂。每一ALV-J分离株在遗传性及抗遗传性上都有不同。进一步说，各种遗传品系鸡的应答也不可能相同。受到水平感染的鸡将表现出短暂的病毒血症，可产生抗体也可不产生抗体，当其卵巢受到感染时，才能将病毒传染给种蛋，但这些鸡将通过其排出的粪便不断地向周围环境扩散病毒。如不让鸡群之间直接接触，或对各鸡笼、鸡舍进行隔离，则它们的传播就不会太迅速。

试验性接种ALV-J诱导的ML可产生急性转化型病毒。急性转化型ALV-J比HPRS-103株致瘤更快。接种1日龄雏鸡后，一般在5周龄时产生第一例ML，平均发生在9周龄。这些发现表明急性转化型病毒可能在ALV-J的感染及流行病学中有一定的作用。对于急性转化型病毒的传播效率目前还不清楚。

## 第五节　发病率与死亡率

各类型白血病的临床发病和死亡率有所不同，如淋巴细胞性白血病（LL）在一种鸡群的发病率可高达23%。在野外条件下，成红细胞性白血病发生较少，一般伴随其他白血病发生。自然条件下发生成髓细胞性白血病的报道极少，但也有散发病例；髓细胞性白血病的散发病例出现于年轻的成年鸡。在中国，ALV-J感染肉种鸡后，不同地区，发病率有所不同。赵振华报道[118]，在内蒙古自治区，发病率为10%以上；崔治中报道[133]，在山东、河南及宁夏回族自治区，发病死亡率为5%～20%。在商品肉鸡中，ALV-J感染发病率上升，张志报道[303]，在山东发病死亡率可达30%～40%。蛋鸡也出现ALV-J的感染，徐镔蕊报道[304]，蛋鸡感染ALV-J后，发病死亡率可达10%以上。试验性接种ALV-J后，发病率各有不同，其与毒株、肉鸡品系、接种途径、剂量和日龄有很大的关系，一般发病率可达30%左右，有时有一定比例的急性毒株出现。另外，在白血病的肿瘤性疾病中还有血管瘤、成肾细胞瘤、结缔组织肿瘤和骨石化病等相关肿瘤，其发病率不一，有时散发，有时成批发生。

## 第六节　影响发病和流行的因素

在鸡群管理中，诸多因素都可影响禽白血病的发生和传播。其他病原的混合感染、应激因子、ALV 的内部重组和 ALV 与其他病毒的重组都可影响 ALV 感染的严重性及肿瘤的发生率。免疫抑制性病毒及霉菌毒素可以影响 ALV 的感染。

### 一、机体因素

1. 遗传因素

不同品系鸡的遗传素质有一定差异，对 ALV 的感染也存在一定差异。罗青平等[7]在对2009年湖北省J亚群禽白血病进行调查时发现，商品代发病鸡主要是海兰褐（灰）蛋鸡，立克粉鸡有少数几个鸡场发病，而且发病率、死亡率较海兰品种低。张青婵[145]用同一病毒感染不同品系的鸡，结果不同品系（白羽肉鸡、HN 蛋鸡和 SPF 鸡）的鸡感染水平不同，有的形成病毒血症无抗体，有的产生抗体无病毒血症。赵冬敏[163]用 ALV-B SDAU09C2 株和 ALV-J NX0101 株分别感染不同品系的鸡（地方品系芦花鸡、HN 蛋鸡和 SPF 鸡），结果 ALV-B SDAU09C2 株导致 HN 蛋鸡和 SPF 鸡发生了肿瘤，芦花鸡没有发生肿瘤，而 ALV-J NX0101 株仅导致了 SPF 鸡发生肿瘤。

2. 日龄因素

在不同日龄阶段感染 ALV，其后果可能会不一样。ALV-A 和 ALV-B 对鸡的感染有明显的年龄依赖性，在最初的1～21天内，随着年龄的增长，鸡对 ALV 感染的抵抗力也明显增加[125]。先天性垂直感染的雏鸡在出壳后就已开始排毒，而在孙贝贝等[121]的研究中，1 日龄 SPF 鸡接种 ALV-J 后两周才只有少数鸡排毒，到 3 周才到排毒高峰期；49 日龄 SPF 鸡大剂量接种 ALV-J 后的 19 天内没有检出病毒血症和泄殖腔排毒。

一般来说，鸡对各种类型肿瘤发生的抵抗力随年龄增长而增强，如在 1 日龄时静脉接种 ALV-RPL12 株，骨石化病的发生率很高；如果在 3 周龄时接种，小鸡骨石化病的发病率仅为 1 日龄接种雏鸡的 1/10。ALV-J 在 6 周龄内最易感，成年鸡感染后一般不引起肿瘤，只引起生产性能的下降。Pandiri AR 等[170]通过 2 个试验的回顾性分析，发现 1 日龄接种并发生持续性病毒血症的肉雏鸡可以发生组织细胞型肉瘤，而鸡胚接种的免疫耐受鸡（出现持续性病毒血症，但没有抗体）没有发生组织细胞型肉瘤，但骨髓瘤病例较多。

## 二、病毒的因素

1. ALV 的影响

鸡只在任何日龄均可能被 ALV 感染。但感染后，鸡只的发病日龄可能不同。高玉龙等[5]报道的 ALV 感染鸡的最早发病时间为 50 日龄，并认为可能是 ALV 毒力的增强所致。ALV-J 的出现使得禽白血病的最早发病日龄从以往认为的 9 周龄到目前的 24 日龄[92]。内源性病毒的表达可影响外源性 ALV 的感染。具有内源性病毒 ev21 的鸡有 54% 出现病毒血症，而缺乏内源性病毒的鸡只有 5% 出现病毒血症。

某一特定的病毒株分离自不同的肿瘤，其可能有差别。从患有血管瘤的鸡体内分离的病毒经继代后，引起肿瘤的比例比以前代次的病毒要高。在某些情况下，这种现象可能是由于病毒剂量的影响，但在其他情况下，可能是产生了带有转导肿瘤基因的急性转化 ALV。不同肿瘤类型的出现与病毒有效剂量的多少有关。

2. 其他病毒的影响

传染性法氏囊病毒引起的免疫抑制可使 ALV 排毒率升高。

若鸡群感染马立克病毒（MDV），则鸡群的髓细胞性白血病的发生频率也较高，因为 MDV 和 ALV-J 可感染同一鸡群、同一只鸡和同一个细胞。

网状内皮组织增生病毒（REV）和 ALV-J 的协调作用将导致更高的肿瘤发生率和免疫功能的抑制作用。在临床上，蛋鸡中发现了 ALV-J 和 REV 的混合感染。

其他病毒如反转录病毒、鸡传染性贫血病毒等的存在，感染机体后可影响鸡群的免疫应答，从而导致禽白血病发病率的上升。

## 三、饲养管理因素

营养水平可能会影响禽白血病的发病率。罗青平等[7]在对 2009 年湖北省 J 亚群禽白血病进行调查时发现，饲养管理条件好，同批次鸡群发病率相对较低。罗青平等[114]在临床观察时发现，同一个父母代场供出的同种商品蛋鸡，在习惯于使用鱼粉等动物性蛋白的鸡场，较使用豆粕等植物性蛋白的鸡场发病率高，但不清楚具体原因。

饲养密度可能对水平传播产生一定的影响。孙贝贝等[121]在试验中于 1.5$m^2$ 的同一隔离罩内饲养 30 只的对照组 SPF 雏鸡和 ALV-J 人工攻毒鸡，在连续 26 周的饲养期中，对照组 SPF 鸡不仅没有检出病毒血症，也没有检出泄殖腔排毒，还没有一只出现抗体反应。但是 Witter 等[123]报道，经垂直感染的雏鸡出壳后可在孵化厅内及运输箱中造成显著横向传播，其在 0.15$m^2$ 的运输箱中装了 80～100 只鸡。

罗青平等[7]在对 2009 年湖北省 J 亚群禽白血病进行跟踪调查时发现，ALV-J 的发生以垂直传播为主，所有发病商品代鸡源自某 3 个祖代场，相邻鸡舍来自其他祖代场的鸡同期饲养未见发病。

饲料中霉菌毒素的存在会影响到鸡群的免疫功能，进而会影响到禽白血病的发病率。

## 四、传播途径

同一日龄的鸡经不同途径感染 ALV 后，结果却是不一样的。在 1 ~21 日龄，若经口或鼻接种病毒，抵抗力迅速增强，但经静脉接种病毒时，则相对较慢。孙贝贝等[121]对 1 日龄 SPF 鸡经腹腔接种和口服途径接种同等剂量的 ALV-J HN0001 株，结果表明，经腹腔接种的鸡大多数在 26 周内几乎不产生抗体反应，而呈现持续的耐受性病毒血症，还可以通过泄殖腔途径持续性排毒；经口服途径人工感染的鸡，只有 1 只表现为持续的耐受性病毒血症和持续的泄殖腔排毒，而其余多数鸡在产生一过性病毒血症后出现抗体反应，但不再排毒。

# 第五章 禽白血病的临床症状与病理变化

在已知的多种不同病毒感染中，ALV 感染在鸡群中引起的病理变化和表现是多种多样的，可以出现免疫抑制、生长迟缓、产蛋能力下降等亚临床表现，甚至出现典型的肿瘤和死亡。其中，一些亚临床表现在鸡场是很难做出判断的，由此带来的经济损失可能大于临床上显示肿瘤性死亡带来的损失。当 ALV 感染鸡之后，并不是每只感染鸡都表现同等的免疫抑制、生长迟缓和产蛋能力下降，这与感染年龄、毒株及鸡的遗传性密切相关。

一般来说，越是早期感染、特别是垂直传播，ALV 致病作用也越强。通常肿瘤多在性成熟时才发生。不同亚群、不同的 ALV 毒株可引起鸡的多种内脏器官或不同组织呈现不同类型或相同类型的肿瘤。如 ALV-J 可同时引起骨髓瘤和血管瘤[197]。肝脏、脾脏、肾脏、心脏、卵巢都是常见的发病脏器，此外，法氏囊、胸腺、皮肤、肌肉、骨膜等也会发生肿瘤。有些肿瘤呈大块肿瘤结节，有的则呈弥漫性细小结节；有的肿瘤形状规则，有的形状不规则。发生肿瘤的细胞类型也不一样。如淋巴细胞瘤、髓样细胞瘤、成红细胞瘤、纤维肉瘤、血管内皮细胞瘤等，这主要与病毒的不同特性及鸡的遗传性相关。一般来说，A 亚群、B 亚群多引发淋巴细胞瘤，且形成较大肿瘤块，而 J 亚群多引起髓样细胞瘤，多在肿大的肝脏中出现大量弥漫性分布的白色细小的肿瘤结节，在其他脏器也会引发不规则肿瘤。但近年来，ALV-J 引起的肿瘤类型变得更加多样，包括骨髓细胞瘤、肾母细胞瘤、血管瘤、组织肉瘤、神经胶质瘤、肝癌等[222]。Zhang 等[222]发现血管瘤和骨髓细胞瘤可在同一只鸡体发生。于琳琳等[223]发现，髓细胞瘤和纤维肉瘤也可在同一只鸡体发生。虽然 E 亚群 ALV 感染本身不一定会引起肿瘤，但是，先天感染或出壳即感染 ALV-E 的鸡往往死淘率较高，对外源性 ALV 更易感。这可能与早期感染 ALV-E 后容易产生对 ALV 的免疫耐受性有关，从而在外源性 ALV 感染后不易产生相应特异性抗体。

根据临床分类，禽白血病又可分为淋巴细胞性白血病、成红细胞性白血病、成髓细胞白血病和髓细胞样白血病等。在自然条件下，以淋巴细胞性白血病（lymphoid leukosis，LL）最为常见。但近年来，在国内，以蛋鸡群发生骨髓瘤型和血管瘤型的白血病较为多见。禽白血病主要由外源性的 A 亚群病毒和 B 亚群病毒引起，A 亚群比 B 亚群更常见，少数由 C 和 D 亚群引起。现在，由 J 亚群 ALV 引起的禽白血病比其他亚群 ALV 引起的禽白血病更为多见。禽白血病发生后，除了肿瘤之外，鸡体还会表现一些一般性反应，如炎症、体温升高、贫血等。

目前，AL/SV 中各成员病毒的称呼一般是研究者在早期发现相关类型肿瘤疾病时，根据侵害细胞以及病理类型的不同进行命名的。总的看来，每种病毒均可以引起一种以上的肿瘤，但这两者之间不是一一对应的关系，也就是说同一种病毒可能会诱发两种或更多类型的肿瘤，而同一病变型的肿瘤也可由不同的病毒所导致。但是从致病谱上来看还是有一定特征的，即主要引起一种或几种特征性肿瘤为主，除此以外，还能引起其他类型的肿瘤，但这种情况不常见。

总体上讲，禽白细胞病毒诱发的肿瘤主要包括：白血病（包括淋巴细胞性白细胞、成红细胞性白细胞、成髓细胞性白细胞、髓细胞性白细胞）、结缔组织肿瘤（纤维瘤和纤维肉瘤、黏液瘤和黏液肉瘤、组织细胞肉瘤、软骨瘤、骨瘤和成骨肉瘤）、上皮性肿瘤（成肾细胞瘤、肾瘤、肝癌、胰腺癌、卵泡膜细胞瘤、粒层细胞瘤、精原细胞瘤、鳞状细胞癌）、内皮性肿瘤（血管瘤、血管肉瘤、内皮瘤、间皮瘤）和其他相关肿瘤（包括骨石化病、脑膜瘤和神经胶质瘤）。表 5－1 简单介绍了不同禽白血病病毒所引起的肿瘤类型。有理由相信，随着禽白血病病毒的不断进化和宿主的不断变化，同时，在免疫选择压的作用下，禽白血病病毒引发的肿瘤将呈现出新的特征。

下面就文献[174]并结合其他文献报道对禽白血病与一些与肿瘤相关的疾病作些介绍。

表5－1　不同禽白血病病毒与所引发的肿瘤性疾病类型

| 病毒类型 | 病毒亚群 | 致肿瘤类型 |
|---|---|---|
| 淋巴细胞性白血病病毒 | A、B、C、D、E无缺陷型病毒 | 主要引起淋巴细胞性白血病（大肝病），还能引起成红细胞性增生症（贫血）、骨质石化病、纤维肉瘤、血管瘤等 |
| 成红细胞性白血病病毒 | 缺陷型病毒，致瘤基因是erbA、erbB、sea | 主要是引起成红细胞增多症（贫血和各种器官如肌肉、皮下和内脏的点状出血） |
| 成髓细胞性白血病病毒 | 缺陷型病毒，致瘤基因是myb，通常以A、B亚群为辅助病毒 | 主要引起成髓细胞性增多病（白细胞总数增多，白细胞层甚至比红细胞层还要厚），慢性病例中可见肿瘤结节；还可引起鸡骨质石化病、血管瘤、肾胚细胞瘤等 |
| 髓细胞瘤病毒 | J亚群+缺陷型病毒，致瘤基因是myc，以J亚群病毒为辅助病毒 | 主要引起骨髓细胞瘤（肿瘤往往发生于骨的表面，在肋骨和肋软骨交界处、胸骨后部、下颌骨、鼻软骨、头盖骨等部位），骨髓瘤细胞还能侵入肝脏等实质器官形成实体肿瘤（推测这或许就是平时看到的J亚群感染的鸡常见肝脾肿大的原因） |

## 第一节　淋巴细胞性白血病

淋巴细胞性白血病（Lymphoid Leukosis，LL），又称为大肝病、淋巴性白血病、内脏淋巴瘤、淋巴瘤、内脏型淋巴瘤病和淋巴细胞瘤等，是某些ALV毒株主要侵害腔上囊淋巴滤泡囊依赖细胞（B细胞）使其癌变、增生并通过血液转移到肝、脾等器官的一种肿瘤性疾病，是禽白血病中最常见的一个类型。

## 一、病原

引起LL的病原是禽白血病病毒多个亚群（主要是A亚群、B亚群）中的毒株，例如：RPL12、B15、F42、RAV-1、R、MC29、ES4等。用RPL12（55）、B15、F42（32）或RAV-1等毒株接种易感鸡胚或1～14日龄易感雏鸡，在14～30周龄出现本病。Calnek感染1日龄雏鸡后4～10周检查，没有发现临床症状，但在脾、心和睾丸出现肉眼可见病变，同时，在肝脏和其他内脏器官以及背根神经节见到镜检病变。脾脏轻度或中度肿大，常呈斑驳状；睾丸和心脏有一个或多个（直径达1mm）灰色半透明区。邓烨等[179]曾观察到ALV-J引起的清远麻鸡淋巴细胞性白血病。

## 二、发病机理

病毒感染鸡后，病毒首先侵害腔上囊（法氏囊），使法氏囊依赖淋巴细胞（B细胞）癌变，转化为肿瘤细胞。因为消除法氏囊可以防止LL的发生，而切除胸腺对该病程没有影响。LL的发生可能有这样一个过程。

① 病毒感染鸡后，在2周龄时可以看到个别法氏囊淋巴滤泡的变化，7周龄时（另有说法为感染后4～8周内）多数鸡的法氏囊出现异常的滤泡（由异常增生的成淋巴细胞组成），单个囊中可见10～100个转化的滤泡。

② 到16～24周龄时（另有说法为感染后10～14周）可肉眼见到法氏囊肿瘤，剖检每个濒死鸡，肉眼可见法氏囊结节状肿瘤；免疫荧光试验证明，肿瘤细胞表面都具有B细胞标记和IgM，无IgG和IgA。一些早期的肿瘤细胞发生退化，而另一些肿瘤细胞则克隆化，随病程发展可在多个滤泡内形成肿瘤，这些肿瘤细胞能抵抗细胞凋亡。

③ 感染后约4～8个月，法氏囊中发生肿瘤的病变滤泡进入循环系统并迁移至其他内脏器官如肝脏和脾脏中形成大面积的肿瘤性病灶。到性成熟前后，肿瘤已经发生。24～50周龄最易发生，并

导致鸡的死亡。14 周龄以下和 18 月龄以上的鸡很少发病。

病毒启动子激活法氏囊 B 细胞的 c-myc 基因，使其发生转化，并干扰 B 细胞内 IgM 向 IgG 转变。转化的滤泡快速生长与 myc 在过度表达的淋巴细胞内被阻止向细胞外迁移有关，而正常淋巴细胞具有向外迁移的活性。激活 c-myc 足够形成转化滤泡。转化滤泡形成是必需的，但这还不足以发展成禽白血病。c-myc 旁的多基因激活事件是恶性转化必需的[287]。bic 与正常 T 细胞和 B 细胞的生长与发育有关，其本身不致瘤，但其可与 c-myc 在淋巴瘤和成红细胞白血病的发展过程中进行协作[287]。

RAV-1 接种 9 ~ 13 日龄鸡胚，可以很快发生 LL，主要是前病毒插入活化了 c-myb 基因。

若鸡群同时感染马立克病病毒（MDV）Ⅰ型和Ⅱ型，则可以促进 LL 的发生。

## 三、临床症状

LL 没有特征性的症状。病鸡精神萎顿，全身衰弱，但随着疾病的发展，可出现鸡冠苍白、皱缩或发绀，厌食或废食，下痢，消瘦，产蛋下降，腹部增大，有时能触摸到肿大的法氏囊、肝脏及其上的肿瘤结节。最后衰竭而死。

## 四、病理变化

眼观变化：肿瘤主要出现在肝、脾和法氏囊，有时在肾、肺、性腺、心、骨髓和肠系膜等组织也可出现。肝脏的病变率最高，体积肿大最明显，比正常大几倍，故有“大肝病”之称。但有时也见少数肝脏表面高低不平、质度坚实，甚至纤维化或呈沙砾样。法氏囊病变明显时，常呈结节状或灶状肿大，但有时结节很小，眼观不易发现。各部位的肿瘤质地柔软、光滑发亮；切面呈淡灰色到乳白色，坏死灶很少见。瘤体可能是结节状（结节型）、粟粒状（粟粒型或颗粒型）和弥散性（弥散型）的，或者是这些类型的结合（混合型）。结节型肿瘤可发生在多种器官，结节直径从 0.5mm ~

5cm不等，单个或多个出现，一般呈球形或扁平状；粟粒型或颗粒型肿瘤由大量直径小于2mm的小结节组成，均匀地分布于整个实质中；发生弥漫型肿瘤时，病变器官均匀地肿大。

组织学变化：在光镜下，病鸡各部位的肿瘤均是灶性和多中心性的，由原淋巴细胞组成，细胞大小稍有不同，但都处于原始发育阶段。这些细胞的形态比较一致，胞体较大、圆形，胞浆略嗜碱性；胞核空泡状，核内染色质边移并聚集成丛，具有一个或多个明显的嗜酸性核仁。多数肿瘤细胞胞浆中含有大量的RNA，用甲绿派洛宁染色呈红色，表明细胞未成熟，正处于快速分裂期，故在肿瘤细胞中，可见较多的病理分裂象，同时，也有一些肿瘤细胞变性、坏死或出现小坏死灶。肝脏肿瘤结节周围通常有一层纤维细胞样细胞，是残留的窦状隙内皮细胞。当肿瘤细胞增殖时，它们向外膨胀取代并挤压原发器官的实质细胞，使其萎缩或消失。骨髓组织中的原淋巴细胞出现局灶性或弥散性浸润和增生，此时粒细胞系和红细胞系细胞均有所减少。

超微结构变化：电镜下肿瘤细胞体积大于干细胞，核大，细胞器减少，特别是内质网稀少，不能有效的产生球蛋白IgG，但能产生大量的IgM；有时在肿瘤细胞的胞浆膜上可发现病毒粒子。在患病成年鸡的心肌胞浆内曾观察到有病毒性基质包涵体。

血液学变化：一般情况下，血细胞总数和血象没有明显变化。红细胞、血红蛋白和血小板的数量轻度减少或正常。若血流中出现大量原淋巴细胞时，可视为LL的特征。

## 第二节　成红细胞性白血病

成红细胞性白血病（Erythroblastosis，EB），又称成红细胞增多症、红细胞性白血病、红细胞骨髓病、原红细胞增生症、血管内淋巴细胞性白血病等，是由禽白血病病毒某种亚群中某些毒株主要侵害骨髓成红细胞（原始红细胞）而导致的肿瘤性疾病。

## 一、病原

引起 EB 的 ALV 有 RPL12、R、MC29、ES4 和 F42 毒株等。姜艳萍等[263]在国内首次从 EB 病例中分离到 ALV-J。

## 二、发病机理

由于不同的毒株及其来源、剂量、接种途径、宿主年龄、遗传结构等因素的影响，其发病情况也不一样，通常可分为急性转化型和慢性转化型。

在 EBV 病例中，骨髓是最重要的受侵器官，成红细胞是病毒侵害的主要靶细胞。根据 Ponten J 报道，给鸡人工接种 EBV 后，第 3 天在骨髓窦状隙窦状壁细胞出现局灶性芽样增生，第 4 天时一些窦状隙内充满了成红细胞，第 5 ~ 7 天时成红细胞增生过程迅速在骨髓内扩展，第 7 天，这些成红细胞进入血液循环，在肝、脾等的血窦出现成红细胞生成灶。随着成红细胞在这些部位的持续积聚，宿主常可发生急性死亡。但多数自然病例的发病过程则缓慢的多。

急性转化型 EBV 含有致癌基因（v-erbB），有的毒株还含有另一个基因 v-erbA，该基因可阻断前体红细胞（成红细胞和幼稚红细胞）的进一步分化和成熟，并使其过度繁殖，从而形成 EB。

慢性转化型 EBV 缺乏致瘤基因，但可通过在细胞致癌基因 c-erbB 附近插入启动子而引起 EB。因此，潜伏期一般较长，人工感染 1 日龄鸡后，21 ~ 110 天不等，有时可达 6 个月以上。在潜伏期，宿主细胞基因和 ALV 的基因重组可产生带有病毒 erb 基因的新的 EBV。此外，高剂量的慢性转化型 ALV 可以诱导 EB 的发生。

Raines MA 等[288]认为，c-erbB 基因的单独激活足够导致成红细胞转化，其机制与 B 淋巴瘤中 c-myc 的机制相类似。

## 三、临床症状

自然病例常见于 3 ~ 6 月龄的鸡。潜伏期差别很大，病程数日到数月不等。临床上有胚型（增生型）和贫血型两种类型，增生型较常见。病初可见疲倦、虚弱、鸡冠苍白或发绀，随病情发展，上述症状加重，并出现消瘦、下痢、毛囊出血等，后期因严重贫血，鸡冠呈淡黄色乃至白色，全身虚弱，衰竭。

## 四、病理变化

眼观变化：两种病型的病死鸡全身贫血，并有不同程度的出血（皮下、肌肉和内脏）、水肿或积水。严重贫血型病鸡的内脏器官和免疫器官出现萎缩，尤以脾为甚，骨髓颜色变淡或呈暗血红色，柔软呈胶冻样或水样。增生型病例可见肝脏、脾脏和肾脏肿大，质地柔软，呈樱桃红色到暗褐色，有时还出现一些浅色斑点状病灶，剖面可见灰白色肿瘤结节。

组织学变化：在骨髓血窦窦壁上出现局灶性结节状的细胞增生，随后迅速扩展并形成成红细胞及其集团，其中，还常伴有活跃的骨髓细胞生成的小岛，脂肪组织很少或没有。肝脏等内脏器官血液滞留，成红细胞在血窦和毛细血管中堆积，从而造成窦状隙扩张，肝细胞萎缩、变性，甚至坏死。尽管原红细胞的聚集很广泛，但它们始终存在于血管内，这一点与 LL 和成髓细胞性白血病不同。由于成红细胞成熟受阻，使红细胞产生减少而可能引起不同程度的贫血。有时不出现成红细胞性白血病，而仅出现严重的贫血以及红细胞髓外化生现象。在骨髓、血液和其他器官所出现的大量原红细胞的形态特征是一致的。特别是在骨髓涂片中能看到比血液涂片和骨髓切片以及其他组织中更为清晰的成红细胞，而且数量增多。这种细胞体积较大，一般为圆形，细胞边缘常有短小而不规则的伪足，胞浆丰富、嗜碱性，胞核大而圆，核内有很纤细的染色质和 1 ~ 3 个核仁，核周围常有空泡。原红细胞具有一些生理学标记，如含有血红蛋白、鸡红细胞特异性组蛋白 H5 以及可通过免疫荧光检测的鸡红细胞特异性细胞表面抗原，以证明它们是红细胞系的成员。

超微结构变化：骨髓、血液和其他组织中的肿瘤性成红细胞与正常鸡的成红细胞在形态上难以区分，所不同的是前者的细胞外间隙和细胞内空泡中存在有病毒粒子，细胞膜的活动性加强，胞浆中有空泡形成，偶尔也能见到成红细胞的一些其他病变。

血液学变化：血液学的变化反映了骨髓、肝、脾等器官的变化，并且很大程度上取决于贫血或白血病的程度。增生型 EB 的主要特征是血液中存在大量的成红细胞，贫血型 EB 在血液中仅有少量未成熟细胞。急性病例血液常呈暗红色。血液涂片中可发现不同数量、发育早期的红细胞系细胞，主要是成红细胞。在病程的早期或缓解期，可有更成熟的红细胞出现。血小板系的细胞数目可能稍微增加，并且不太成熟。当发生严重贫血时，血液稀薄如水，呈淡红色，且凝血时间延长，一般可延至 6 ~ 9min（正常鸡为 4.5min）。红细胞数降至 $1.2\times10^{12}$/L 以下，其中，90% ~95% 为成红细胞，血红蛋白值降低。多数自然病例中，粒细胞系（髓细胞性）的不成熟细胞可以出现在外周血液中，有时相当明显，应注意鉴别。

## 第三节　成髓细胞性白血病

成髓细胞性白血病（Myeloblastosis，MB），又称白细胞骨髓增生、成髓细胞增生性白血病、原髓细胞增生病、骨髓瘤病、成粒细胞增多症、骨髓细胞性白血病和骨髓芽球症等，是 ALV 的某些毒株主要侵害骨髓原始粒细胞（成髓细胞）而引起的肿瘤性疾病。

### 一、病原

引起 MB 的 ALV 主要是 BAI-A 株，为缺陷型病毒，含有 A 亚群、B 亚群的辅助病毒。此外，E11、E25、E26 和 CM11 等病毒株也可诱发本病。

## 二、发病机理

ALV BAI-A 株的靶器官是骨髓，靶细胞是原（始）粒细胞（成髓细胞）。v-myb 基因与 v-erbB 基因在成红细胞性白血病中所起的作用相似，可使正常繁殖和分化的骨髓造血组织停滞在幼稚不成熟的阶段，并首先在骨髓造血区出现原粒细胞增生而形成多发性肿瘤性病灶。这些病灶中的原粒细胞繁殖生长迅速，大大超过正常骨髓成分而溢入窦状隙。用高剂量的 BIA-A 毒株接种 1 日龄敏感雏鸡，10 天后即可发现血液中的原粒细胞（瘤细胞），并陆续不断地通过血流转移到肝、脾、肾等其他器官，从而发生本病。形成的肿瘤细胞有成骨髓细胞（myeloblast）、异嗜性前髓细胞（heterophil promyelocyte）、异嗜性后髓细胞（heterophil metamyelocyte）等。

## 三、临床症状

自然发生成髓细胞性白血病的病例很少见，且主要发生于成年鸡。本病的症状与 EB 类似，各病毒株致病的潜伏期和病程有很大的差别，但病程通常比 EB 长。早期常见困倦、嗜睡、虚弱，鸡冠和肉髯苍白，以后贫血严重，并有消瘦、脱水、腹水和毛囊出血等症状。

## 四、病理变化

眼观变化：病鸡贫血。肝脏等实质脏器肿大、易碎。慢性病例肝脏质地则比较坚实，常有灰色弥漫性肿瘤结节或弥散性花斑状纹理。骨髓通常质地坚实，灰红色到灰白色。

组织学变化：在肝脏、脾脏、肾脏、肺脏等器官的血管内和血管外有大量的肿瘤性原粒细胞。在肝小叶的窦状隙外和门管区周围尤为广泛。原有组织萎缩或消失。骨髓造血区和血窦内有许多原粒细胞造血灶，此种肿瘤性原粒细胞数量明显增多，体积较大（比成红细胞略小），细胞表面光滑，胞浆微嗜碱性，核大，多核仁，可见核分裂现象。在瑞氏染色的骨髓涂片中，原粒细胞的形态特征与血液涂片、骨髓切片中一样，胞体呈圆形或椭圆形，核大而圆、居于细胞中央，常有 1～4 个核仁，胞浆微嗜碱性，在胞浆和胞核中常有一些大小不等的空泡。早幼粒细胞呈圆形，核居中或偏位，呈圆形或椭圆形，核仁隐约可见，胞浆中有圆形、大小不等的嗜碱性和嗜酸性颗粒。

超微结构变化：患病鸡脾脏和骨髓的网状细胞和巨噬细胞中常含有大量的病毒粒子。细胞培养物中的原粒细胞胞浆中常出现大量的溶酶体，在溶酶体和空泡中可看到病毒粒子，并且在细胞膜性结构上可看到病毒以出芽的方式繁殖。

血液学变化：成髓细胞性白血病的特征是外周血液中发现高达 $1.0\times10^{12}$/L 的原粒细胞，占全部血细胞的 75%。早幼粒细胞和中幼粒细胞（前髓细胞和髓细胞）也常出现，由于含有特异性颗粒而易被识别，早期形成的颗粒多呈嗜碱性。

该病可引起继发性贫血，并常见到多染性红细胞和网织红细胞。这种继发性贫血容易与成红细胞性白血病和成髓细胞性白血病同时发生的贫血相区别。因为后者循环血液中存在两种细胞系的原始细胞。

## 第四节　髓细胞性白血病

骨髓细胞瘤（Myelocytoma，ML），又称骨髓细胞瘤病、髓细胞瘤病、白细胞不增多性骨髓细胞性白血病、白血病绿色瘤和骨髓瘤病等，由 ALV 的某些毒株主要侵害禽骨髓髓细胞（中幼粒细胞）及其前体细胞（早幼粒细胞、原始粒细胞以至原血细胞）而引起过度增殖和转移为特征的肿瘤性疾病。本病主要发生于肉鸡，最近也有蛋鸡中发现本病的报道，其病理变化与肉鸡相似。

### 一、病原

引起 ML 的病毒株有 MC29、CMⅡ和近年来从肉鸡中分离的 J

亚群的许多病毒株。

## 二、发病机理

MC29 病毒株携带有致癌基因，给未成年鸡静脉接种后 3 ~ 11 周可出现 ML。ALV-J 原型株 HPRS-103 毒株缺乏致瘤基因，它依赖于激活鸡体内的 c-myc 基因才能引发肿瘤，故有很长的潜伏期（死亡时间平均 20 周），称慢转化型病毒，而 HPRS-103 变异株（879 毒株）具有病毒致瘤基因，引起本病的平均时间为 9 周，称为急性转化型病毒。

病毒的 v-myc 基因在引起本病中所起的作用与 v-erbB 和 v-myb 基因在 EB 和 MB 中所起的作用相似。受病毒侵害后，以髓细胞（中幼粒细胞）为主的细胞过度增生，并逐渐在骨髓血窦之间的造血区聚积，其中，基本上含有两种类型的细胞，即胞浆中含有大量嗜伊红颗粒的肿瘤细胞（髓细胞或称中幼粒细胞）及其前体细胞（原始的成血细胞样细胞或称髓细胞性干细胞）。这些细胞快速增殖，超过骨髓的正常生长，并形成肿瘤性病变。在这些典型病例中，肿瘤组织可通过骨组织中的哈佛氏系统和福尔克曼氏管等方式直接向外蔓延，进入骨膜并继续增殖形成肿瘤块；瘤细胞也可在骨髓进入血窦，通过血流进入肝、肾、性腺等各器官，继续增殖形成肿瘤转移灶。赵振华等[305]根据瘤细胞的形态特征和来源，将骨髓中过度增殖以及通过不同途径播散到其他各组织中的、胞浆内含有大量圆形嗜伊红颗粒且具有髓细胞特征的肿瘤细胞统称为髓细胞样瘤细胞，而崔治中将其称为髓样细胞瘤细胞[283]。

Kim Y 等[306]人通过对 B 细胞抑制效果的研究，来确定 ALV-J 在免疫抑制鸡中的发病情况，结果显示，用环磷酰胺接种造成的 B 细胞特异性免疫抑制的试验鸡在感染 ALV-J 后可出现高病毒血症和病毒抗原在组织内的表达增多，而血清特异性中和抗体仍为阴性。说明 B 细胞在抗 ALV-J 感染中具有重要作用。

## 三、临床症状

本病的不同病例，病程差异很大，但一般较长。多数病鸡可出现食欲降低，精神沉郁，体质虚弱，消瘦和程度不同的贫血，鸡冠和肉髯苍白、结膜偏淡或发绀，羽毛蓬乱无光，常有腹泻，有时出现跛行，严重者头部、胸部、腿根等处出现硬实的隆起或肿块。

## 四、病理变化

1. 眼观变化

病鸡多有营养不良和贫血，鸡冠和肉髯苍白，有的呈淡紫红色，后躯常有粪便污染，肌肉色彩偏浅。严重病例具有特征性病变，新生的肿瘤发生于骨骼表面，与骨膜相连，而且靠近软骨的部位，如肋骨和肋软骨的连接处、股骨端、骨盆骨、椎骨、胸骨内面、下颌骨和鼻腔的软骨上，以及头骨的扁骨等处出现瘤性肿块。肿块大小不等，呈暗淡的黄白色或灰白色，一般呈圆形隆起或结节状，常有双侧对称，质软易碎或干酪状，有时肿块表面有一层薄而易碎的骨质膜。肿块有的质地较硬，刀切时可遇有骨针作响，有的较软。肝、脾、肾、睾丸、卵巢等体积有不同程度的弥散性增大，有时在被膜下和实质中见有明显的界限。股骨骨质疏松，其骨髓腔的纵断面上，骨髓呈不均匀的紫红色，稀薄，骨髓红髓区扩大。肺瘀血，有时见灰白色结节。心室扩张，心肌色彩偏淡，切面偶见细小的灰白色结节。此外，有些病例见腺胃黏膜黏液偏多、卡他性肠炎和脑瘀血。法氏囊、胸腺有的萎缩消失，有的基本正常。

2. 组织学变化

（1）骨髓　在股骨骨髓腔的红髓切片中多数病例可见血窦瘀血，血窦外造血区主要是呈局灶性分布的髓细胞样瘤细胞，此种细胞体积较大，圆形，核多偏于一侧，呈圆形、椭圆形或不正圆形，常呈空泡状，胞浆中充盈大量圆球形嗜伊红颗粒。有时还有一些前体细胞-成髓细胞（原粒细胞）和前髓细胞（早幼粒细胞）。瘤细胞及其前体细胞的数量比正常对照例多2倍以上，严重者可占整个骨髓细胞成分的1/2～2/3以上。此时骨髓中红细胞系细胞（原红细胞、幼红细胞和储备状态的红细胞等成分）明显减少。网状细胞、原血细胞、淋巴细胞、巨噬细胞等偶尔可见。此外，有的病例除有活跃的髓细胞生成外，红细胞生成也被激活，骨髓血窦中红细胞增多。在骨髓涂片中可更清楚地见到与骨髓切片中一样的髓细胞样瘤细胞增多。用ALV-J IMC10200株接种实验肉鸡，在9周龄时，髓细胞样瘤细胞占粒细胞系细胞总数的59.2%，重症病例可高达78%。健康对照鸡骨髓涂片中的髓细胞占粒细胞系细胞总数的29.4%。据顾玉芳等观察，髓细胞样瘤细胞的核仁形成区嗜银蛋白（AgNOR）显示磷酸化组蛋白明显增多，AgNOR/核的值平均达到1.08（正常对照鸡为1.96）。AgNOR颗粒呈棕黑色，有些在核内聚集成团块，有些在核膜周围呈卫星状态分布。此外，用过碘酸碱性复红（PAS）反应，可见病鸡骨髓瘤细胞内有细小深红色颗粒，呈阳性反应。

（2）骨骼　在骨骼（头骨、肋骨、胸骨、椎骨、综荐骨、股骨、臂骨、桡骨、胫骨、趾骨和跗骨等）的骨髓以及气管与喉软骨的骨化部分都可以有髓细胞样瘤细胞增生。长骨的骨骺也被占据，骨组织萎缩。骨膜下堆积的瘤细胞大多数沉积在骨上，没有典型的细胞浆颗粒。在一些严重的病例中，有时可见如下病变：髓细胞由破坏的致密骨中释放到骨膜中；在胸骨骨膜和周围的肌肉中有髓细胞聚集；骨膜异常增殖为软骨结构。脊髓的硬脊膜可见明显的瘤细胞增生，结果抑制了脊髓的生长；在头部，瘤细胞可沉积在皮下组织、鼻甲骨的薄片层和眶下窦中。

（3）肿块　肿瘤细胞成分在不同区域主要有两类。一类为大量密集的、以胞浆中含有嗜伊红颗粒为主的髓细胞样瘤细胞，这些细胞与骨髓切片、涂片以及血液涂片中所描述的瘤细胞形态非常相似。在HE染色的切片中此类细胞体积较大，圆形或不正圆形；核大多偏于一侧，有的居中，常呈空泡状，一般为圆形、椭圆形或不正圆形，偶呈分叶状，有核仁，有时尚见不同时期的病理分裂象；胞浆一般较丰富，绝大多数细胞胞浆中充盈大量圆球形嗜伊红颗粒，新鲜瘤组织触片后用 May-Grunwald-Giemsa 染色呈亮红色。在这些瘤细胞中还随处可见单个或小灶状细胞坏死，后者呈核破碎或溶解，胞浆红染或淡红染，有时互相融合，有时溶解消失。在肿瘤组织中，尚可见小血管，有时还见骨小梁。另一类是肉芽组织，其中有较多的毛细血管、成纤维细胞和网状纤维，细胞密度较稀，其间常有分布不均的髓细胞样瘤细胞。在一些病例中，可见肿瘤组织细胞中有淋巴细胞增生与浸润。

（4）肝脏　肝脏是病鸡出现转移病灶最常见的器官之一，无论是自然病例，还是人工感染病例均可见到比较一致的病变。在肝脏各处有数量多少不一的弥漫性或局灶性的髓细胞样瘤细胞浸润，形态特征与骨髓切片中的瘤细胞完全一致，其间常见不同时期的分裂象。这些细胞最早在肝汇管区、血窦和中央静脉等小血管内及其周围间质中发现，随病情的发展，其数量逐渐增多并继续增殖，形成大小不等的瘤细胞灶。有些病例，在上述细胞之间有数量不等的淋巴细胞和网状细胞散在。病灶处的肝细胞被瘤细胞取代而消失。其他部位尚存的肝细胞常发生空泡变性和脂肪变性。脾脏：在脾脏中有数量不等的局灶性或弥漫性髓细胞样瘤细胞增生灶，主要分布在红髓血管周围或白髓外周，而白髓体积缩小，生发中心的细胞稀疏。

（5）其他组织　卵巢的基质、睾丸的曲细精管间、肾脏间质、肺脏间质、心肌间质、骨骼肌间质和胰腺被膜下都有数量不等、呈局灶性或弥散性分布的髓细胞样瘤细胞，严重者原有组织缩小或消失，胸腺萎缩或无明显变化。在髓质部的间质中偶见髓样细胞样瘤细胞的出现，有时在腺胃壁中和气管壁黏膜固有层及软骨间隙中也有数量不一的髓细胞样瘤细胞。个别法氏囊间质的小血管内以及附近个别淋巴滤泡的外周淋巴组织中也偶见髓细胞样瘤细胞出现。这同肝脏等组织的小血管内出现髓细胞样瘤细胞一样，在法氏囊间质的小血管中也出现了，并随血流进入淋巴滤泡的皮质区，在缺乏血管的髓质区没有发现瘤细胞。大脑、小脑和坐骨神经有不同程度的器质性变化，但未见瘤细胞。

3. 超微结构变化

在本病病变明显的病例中，骨髓和肝脏的超薄切片中都能见到髓细胞样瘤细胞。此类细胞呈圆形或不正圆形，核圆形，电子密度大，核仁明显，染色质边集，核周隙明显，胞浆中有许多体积较大的圆形或卵圆形的溶酶体样颗粒，多数颗粒电子密度大，有的趋于溶解呈空泡状或仅留残体。肝细胞多见体积增大，胞核浓缩或淡染，胞浆中线粒体肿胀、嵴减少或消失，粗面内质网减少，其他细胞器已不能分辨，或高度扩张，或已破碎溶解。

在病变明显的自然病例肾悬液接种鸡胚成纤维细胞，在其培养物中可见网状细胞核形改变，染色质边集，胞浆内有大小不等的膜泡，有的膜泡局部突起，疑有出芽增殖的病毒样物。心肌细胞和浦肯野氏细胞胞浆内含 2 ~ 10μm 的紫红色包涵体，这些包涵体包含 ALV-J 特异性核酸核糖体和未成熟的病毒粒子，同时伴有肌纤维断裂和破碎的病理产物。ALV-J 引起的心肌病变可能和病毒直接作用于心肌细胞和浦肯野氏细胞有关。

脾脏中充满具有广泛细胞浆的类巨噬细胞，大多数的类巨噬细胞和树枝状细胞表面覆盖有小的膜泡，膜泡在细胞膜上排成一行，这使得这些细胞的基质具有特征性，有时还在其膜泡中发现有病毒粒子，它们通常明显地吸附在细胞表面。

## 第五节　骨石化症

骨石化症（Osteopetrosis，OP），又称骨硬化病、大理石骨病、粗糙病、散发性弥散性骨膜炎和骨型白血病等，由 ALV 的某些毒株引起，主要侵害骨膜和骨骼、骨膜下成骨细胞增生，病变部位增厚、硬化而形成的骨组织肿瘤性疾病。自然病例常与 LL 并发。

### 一、病原

引起 OP 的禽白血病病毒有 RPL12、L29、BAT-A 和 R 株以及

MAV-2（O）等毒株。

## 二、发病机理

一般认为，本病是由于高剂量的病毒感染使成骨细胞的生长和分化紊乱所造成的骨骼细胞系的过度增生性疾病。近年来发现，病骨中病毒增殖的滴度比用同样能引起本病的禽白血病病毒 Br21 株感染的成骨细胞培养物中高得多，而且骨石化病严重的病例比感染的成骨细胞培养物中的病毒 DNA 高 10 倍，成熟的衣壳蛋白高 30 倍，gag 前体蛋白高 5 ~ 10 倍，env 蛋白高 2 ~ 3 倍。很显然，ALV 可以引起骨石化病，而感染的细胞培养物并不能导致该病毒高水平感染和骨骼成骨细胞机能异常。骨石化病变的性质基本上是增生性、肥大性和肿瘤性的。某些 ALV 可引起骨石化病的倾向取决于病毒基因组中 gag-pol 序列。

## 三、临床症状

该病最常发生于 8 ~ 12 周龄的鸡，用 MAV-2（O）病毒实验接种 11 ~ 12 日龄鸡胚或 1 日龄雏鸡，可在出壳后 7 ~ 10 天触知骨硬化发生，用 RPL12 等毒株接种 1 日龄雏鸡 1 个月后也可发病。病鸡长骨骨干或干骺端增厚、变硬，有时有温热感。晚期跖骨常呈特征性的“长筒靴”肿大。病鸡一般发育不良，结膜，鸡冠和肉髯苍白，行走拘谨或跛行。

## 四、病理变化

眼观病变：典型病例的主要变化为骨组织的肿瘤性增生和骨髓的损伤。首先是双腿胫骨和跖骨的骨干呈梭形肿大，很快在其他长骨以及骨盆骨、肩带骨和肋骨也出现类似变化，但趾骨无明显变化。起初在灰白色半透明的正常骨骼上出现明显的浅黄色的病灶。骨膜增厚，病变骨骼呈海绵状，早期易被切开。病变多为对称性，有时也呈局灶性或在一侧发展。病变的严重程度不同，从轻度的外生骨疣到巨大的不对称肿大，几乎完全阻塞骨髓腔。病程长的病例，骨膜不像早期那么厚，将骨膜除去可发现非常坚硬的石化骨，表面多孔而不规则。脾脏、法氏囊和胸腺可出现萎缩。病鸡脾脏起初轻度肿大，随后严重萎缩。法氏囊和胸腺也出现成熟前萎缩。骨石化病骨与 LL 同时发生。有时也可同时发生其他肿瘤，并出现许多与白血病和肉瘤病毒有关的其他非肿瘤性病症。

组织学变化：病灶部位骨膜由于嗜碱性成骨细胞数目增多和体积变大而明显增厚，同时破骨细胞数目也增多，但其密度由于体积的增大而降低。受侵害的骨骼从海绵状骨向骨干中心汇合，哈氏管增大且不规则，陷窝的数目和体积增加等。此外，尚可发现新生的嗜碱性纤维性骨组织。骨质间隙扩大且不规则。

血液学变化：血象一般为非白血病性，但常有继发性贫血。在外周血液中没有发现不成熟的红细胞。在实验条件下，引起骨石化病的病毒可引起再生障碍性贫血和红细胞脆性增加。

## 第六节　结缔组织肿瘤

与 ALV 有关的结缔组织肿瘤（connective tissue tumors）主要有纤维瘤、纤维肉瘤、黏液瘤、黏液肉瘤、组织细胞肉瘤、骨瘤、成骨肉瘤、软骨瘤以及血管瘤等。这些肿瘤可以是良性的，也可以是恶性的。

### 一、病原

引起结缔组织肿瘤的 ALV 大多数是一些多潜能的病毒株或分离物，如 RSV、ES4、RPL12、BAI-A 和 R 株等既可引发淋巴细胞性白血病或髓细胞性白血病，又可引起或同时引起结缔组织肿瘤。

### 二、发病机理

多种病毒性致瘤基因，包括 src、fps、yes、ros、sea 和 jun 等与肉瘤的发生有关。如 v-src 基因在感染细胞内的产物是一种具有蛋白激酶活性的磷蛋白，该蛋白可引起细胞代谢紊乱，从而诱导感染细胞发生肿瘤性转化和增生，使肿瘤不断生长。

结缔组织肿瘤可能起源于中胚层的原始间质细胞，它的多种多样形态结构反映了其分化方向和程度的差异，所以，在一种肿瘤中常出现多形态的组织细胞是其前体细胞多潜能的表现。病变明显的肿瘤则主要由发育早期阶段未成熟的细胞组成。

## 三、临床症状

由于肿瘤的部位、大小，特别是良性和恶性的不同，对机体的影响和症状也有很大的差别。通常体表、皮下和一些肌肉肿瘤可以观察或触摸其一般特征；内脏肿瘤严重时可以引起受侵害器官的功能障碍，出现相应的症状，如贫血、出血、呼吸困难等；恶性肿瘤可引起生理功能的严重障碍，甚至死亡；若有继发感染，常出现与感染病原相应的炎症、坏死、发热等症状，并可加快病程发展。

## 四、病理变化

1. 血液学变化

当肿瘤影响到骨髓或严重出血时，常有贫血血象。若同时伴发淋巴细胞性白血病或髓细胞性白血病时，在血象中可出现相应的变化。

2. 纤维瘤

纤维瘤（fibroma）是由结缔组织发生的一种成熟型良性肿瘤，主要由纤维细胞和胶原纤维所构成。通常生长在皮肤、皮下组织、肌肉间质等有结缔组织的部位。眼观肿瘤组织一般呈圆球状、结节状，单个或多个，质硬，有一定弹性；切面呈灰白色或淡红色，纤维交错排列；外有不完整的包膜，但边界清楚。镜检纤维瘤的主要成分是：纤维细胞，呈梭形，核浓染，核膜清晰，胞浆呈纤维状，近核膜处常有大小不等的颗粒；成纤维细胞，呈椭圆形或梭形，核较大，呈圆形或椭圆形，一般有核仁，胞浆中常有较大的颗粒散在；细胞外的胶原纤维多呈粗细不等的束状存在，纤维束可平行、交错或漩涡状排列，常呈编织状形象。其间有时可见一些小血管、神经纤维和淋巴细胞浸润，纤维瘤的实质和间质没有界限。瘤组织中若胶原纤维比例较大，细胞成分比例较小，质度较硬，称为硬性纤维瘤，反之，则称为软性纤维瘤。有些纤维瘤有时出现继发感染，发生严重反应、坏死或溃疡，以及黏液样变等变化。

3. 纤维肉瘤

纤维肉瘤（fibrosarcoma）是由结缔组织发生的一种幼稚型恶性肿瘤。其发生部位和眼观形象与纤维瘤相似，但一般质地较柔软，无完整包膜，呈侵袭性生长，切面淡红色、鱼肉样，富有光泽，无明显的纤维状纹理。镜检纤维肉瘤的瘤细胞主要是发育不成熟的成纤维细胞，其胞核比例较大，核仁不一，通常呈枣核形或呈不正椭圆形，核染色质粗大、浓染，核仁可有1～5个，大小不一，核膜清晰，核分裂象较多。瘤细胞大小不一，有的体积巨大，是正常成纤维细胞的几倍或十几倍，称瘤巨细胞。瘤细胞胞浆多少不一，胞浆与基质常无明显界限。在瘤细胞外也有数量不等的胶原纤维，但一般较少。瘤细胞和胶原纤维的排列不规则，呈束状、漩涡状或交错状。电镜下瘤细胞呈梭形，核具多形性，核仁大，染色质边集，线粒体肿大。

4. 黏液瘤

黏液瘤（myxoma）是由黏液组织发生的一种良性肿瘤，可发生在具有黏液组织的各个部位（黏液组织是一种原始间叶组织，从胚胎后期出现，存在于皮下、黏膜、肌间、肠系膜以及消化道、呼吸道和生殖器官等处的结缔组织中）。眼观黏液瘤呈灰白色，结节状、条索状等很不一致，质地柔软，切面黏滑、湿润，呈半透明状，体积大小不一，有或无包膜，界限明显。镜检瘤细胞大多呈星芒状，有的呈梭形，核呈不正椭圆形或梭形，核分裂象少见；胞浆突起延长，互相吻合，排列疏松，瘤细胞之间含有大量淡蓝色的黏液样物质，Alcian蓝染色呈蓝色，其主要成分为黏多糖。其间还有少量的网状纤维、弹性纤维和一些小血管。

5. 黏液肉瘤

黏液肉瘤（myxosacoma）是由黏液组织发生的一种恶性肿瘤。发生部位和眼观形象与黏液瘤相似，但一般无包膜，质地松软，镜检与黏液瘤相似，但瘤细胞形态、大小不一，核分裂象较为常见。

6. 组织细胞肉瘤

组织细胞肉瘤（histiocytosarcoma）是间叶组织细胞发生的一种恶性肿瘤，眼观呈坚实的肉样肿瘤。镜检肿瘤细胞具有高度多形性的特征：通常在原发性肿瘤中以纺锤形（成纤维细胞）占优势，多成群或束状存在；在转移性肿瘤中以原始的组织细胞较多。同时，在肿瘤组织中也有网状结构的星形细胞（固定的组织细胞）和体积较大的巨噬细胞（游离组织细胞）以及许多过度形成的细胞成分。

## 第七节　血管瘤

血管瘤（hemangioma）是指 ALV 相关毒株主要侵害血管系统所形成的良性肿瘤或恶性肿瘤，包括毛细血管瘤、海绵状血管瘤、血管内皮瘤和血管内皮肉瘤等。在国内，2006 年，辛朝安等[196]根据流行病学、临床症状、病理变化和实验室检测结果，报道了国内蛋鸡群中存血管瘤型禽白血病病例，证实了该病在我国的存在。血管瘤型禽白血病在我国蛋鸡群中发生比较严重。

### 一、病原

ALV 的大多数病毒株和分离物可引起血管瘤。可以引起血管瘤的 ALV 包括：ALV-A、ALV-B、ALV-J[138]。

### 二、发病机理

到目前为止，对鸡血管瘤的发病机理还了解得不是很清楚。参考人的血管瘤发生机制（有人推测，人类胚胎时期的血管发生了畸变，从而造成了血管瘤的形成[202]），禽类血管瘤的生成也可能是因为先天性感染，到开产前，血管发生畸变，从而诱导了血管瘤的形成。通过研究发现，胚胎期感染 ALV，血管瘤的发生率明显提高[203]。

血管瘤常涉及血管的各层。在某些情况下，内皮细胞的肿瘤性增生可能比其他各层和支持组织的增生更为多见。偶尔原始的间变细胞可分化为成血细胞，因此，在这些生长物中可有大量的红细胞生成。对分离自产蛋鸡的一株禽血管瘤病毒进行序列分析后发现，在 env 基因和 LTR 中有独特序列，可能与其生物学和病理学特性有关[204]。血管瘤的发生还与病毒毒株的来源、易感宿主的品种、感染的剂量、感染的途径及日龄有着密切的联系。

但是，也有人认为，鸡血管瘤病并非鸡白血病，只是白血病伴发或继发血管瘤，ALV 并不是其真正致瘤因素[225]。

## 三、临床症状

血管瘤可发生于皮肤（翅膀、颈部、脚趾、鸡冠及腹部皮肤）、皮下深层组织，以及舌、鼻腔、肝、脾、心、肺等器官，可以单发，也可多发。根据肿瘤发生部位、大小、性质等不同可出现各种不同的症状。如发生在皮肤和可视黏膜，发病部位可出现淡红色斑纹（块）样病灶；若发生在心脏，可引起循环障碍；若肿瘤破裂，可造成出血和贫血，血流不止。

发病蛋鸡群主要在产蛋期前后发病，感染鸡消瘦，鸡冠苍白，部分鸡冠萎缩，头部、背部、胸部、腿部、翅膀有血疱，血疱破裂后流血不止，直至患病鸡死亡，死亡率在 5% ~10%[216]。感染鸡群的产蛋量与健康鸡群相比，产蛋量减少，很难恢复到以前的水平。

## 四、病理变化

眼观变化：肝脏发黄、肿大，几乎占据整个腹腔，且有弥漫性血管瘤，脾脏肿大，卵巢有血管瘤。发生血管瘤鸡群母鸡的卵泡发育明显迟缓。

组织学变化：主要包括毛细血管瘤、海绵状血管瘤、血管内皮瘤和血管内皮肉瘤 4 个类型。

1. 毛细血管瘤

毛细血管瘤（capillary hemangioma）是毛细血管内皮细胞增生、围绕形成许多小血管，若干小血管形成一个个小团块，团块间常为结缔组织分隔成大小比较一致的小叶。由内皮细胞形成的毛细血管瘤瘤细胞异型性小，不见间变，形成的血管腔小，腔内常有少量血液。肿瘤组织中一般无炎症反应。

2. 海绵状血管瘤

海绵状血管瘤（cavernous hemangioma）是从内皮细胞衍生而来的一般为良性的肿瘤。肿瘤为大小不等的圆盘状、卵圆形或不正形，淡红黑色，切面呈海绵样，有大大小小的血管腔，腔壁由分化较好的单层内皮细胞所组成，常有血液从断面流出或渗出。有的瘤组织的血管中可出现血栓形成、机化或钙化，有时血管瘤团块可被结缔组织分隔，久之，有些结缔组织可发生透明变化。

3. 血管内皮瘤

血管内皮瘤（hemagioendothelioma）是由内皮细胞活跃地增生使血管实体化或管腔狭窄的一种良性肿瘤。瘤组织中的内皮细胞无异型性和核分裂象，瘤细胞增生到一定阶段后即逐渐停止，一般预后良好。有人在电镜下发现瘤组织中除了内皮细胞外，还存在成纤维细胞和周细胞。

4. 血管内皮肉瘤

血管内皮肉瘤（hemagioendotheliosarcoma）是由内皮细胞发生的一种恶性肿瘤。眼观肿瘤呈不规则圆形或椭圆形，质软，暗红色、灰红色或淡红黑色，切面为灰红色或淡红黑色，有时呈海绵状，含有暗红色血液。镜检肉瘤细胞是由不成熟的内皮细胞组成，所构成血管管腔大小不等，常含有血液，有时发生血栓。瘤细胞形态、大小不一，常呈圆形、椭圆形或梭形，核为圆形或梭形，核因染色质过多而深染，常见核分裂象。间质中有少量结缔组织，其中存在吞噬含铁血黄素的巨噬细胞，肿瘤的实质与间质不易区分。

## 第八节　成肾细胞瘤

禽成肾细胞瘤（nephroblastoma），又称肾腺癌、肾胚细胞瘤、胚胎性肾瘤、肾肉瘤、囊腺瘤等，是病毒主要侵害肾腺组织和肾胚性细胞所引发的禽类的一类恶性肿瘤。

### 一、病原

引起本病的病毒主要是成髓细胞性白血病病毒 BAI-A 及其相关病毒株 MAV-2（N）和 1911 株、897 株，以及 MC29、ES4、MH2 肉瘤病毒、Murray-Begg 肉瘤病毒、HPRS-103 株和野外分离株。

### 二、发病机理

成肾细胞瘤起源于肾脏的胚胎残留物或生肾芽，这些上皮结构增生变大后可形成肿瘤，同时间质成分也可增生并发生改变。肿瘤细胞通常是由肾小管上皮和间质成分的大量增生而来，主质成分可生成原始肾小球、肾小管或角化上皮，而间质成分则发育为幼稚的卵圆形或梭形细胞。有些病例还可形成肉瘤，以及骨、软骨、神经纤维、横纹肌、平滑肌和脂肪等成分。一些畸形的和阻塞的肾小管可引起囊肿。

由 MC29 引发的癌性生长物起源于胚胎残留物的上皮部分，而不是来自间质成分。根据上皮成分渐变的程度，形成的肿瘤可能为腺瘤、腺癌或实体癌。

### 三、临床症状

本病多数病例发生在 2 ~ 6 月龄鸡。发病早期若无混合感染，一般不表现症状。随着肿瘤的增大，常出现消瘦、虚弱等症状。当肿瘤压迫坐骨神经时，可出现跛行，甚至瘫痪。

## 四、病理变化

眼观变化：成肾细胞瘤的变化不一，肾实质内有粉灰色小结节，也有已取代大部分肾组织的较大灰黄色分叶状团块。有时肿瘤有蒂，仅靠一根含血管的纤维组织细柄与肾脏相连。大的肿瘤常呈囊肿状，可波及两侧肾脏。

组织学变化：在成肾细胞瘤中，不同的肿瘤或同一肿瘤的不同部位之间存在着明显的组织学差异。上皮和间质成分均可发生肿瘤性增生，可见肾小管肿大，上皮细胞内陷，肾小球变形；肾小管扭曲形成不规则团块；大而不规则的立方形未分化细胞构成的细胞群，其中几乎无肾小管结构。尤其在由 BAI-A 株引起的肿瘤中，上皮增生物可出现在肾组织疏松的间质或肉瘤间质中。还可见到呈岛屿状分布的角质化复层鳞状上皮结构（癌珠）、软骨或骨。在肾小管腺癌，异常的肾小管之间常出现大量原始的异常肾小球。乳头状囊性腺癌也常见，有时可发生几乎不含肾小管的实体癌瘤。在成肾细胞瘤中，有时还可发生血管内皮瘤。由 1911 毒株诱导的肾肿瘤呈弥散状，高度囊状，出血性，遍及所有肾叶。在组织学上将其称定为成肾细胞瘤，是有明显的依据，是因为来源于初期未成熟的肾组织，因此将其定为肾原性的细胞瘤、初期肾单位或初期残余物。早期的肿瘤由肾原性细胞巢组成，有或无一个中心管状结构，由增生的梭形基质细胞环绕。这样，在管状细胞瘤组织和纤维细胞基质之间出现小岛，有的在水肿液中，这种变化弥漫性发生在肾组织中。S9 株毒株也能产生各种不同的管状结构，有些区域有纺锤样细胞增生，这些都被认为是成肾细胞瘤。

超微结构变化：在由 BAI-A 病毒引起的成肾细胞瘤中，上皮性肾组织中有时可见到胞浆内异常结构形成的或大或小的聚集物，病毒从上皮细胞、间质的成纤维细胞和软骨细胞的细胞膜上出芽，并在细胞间隙中有病毒粒子存在。在 MC29 毒株引起的囊腺瘤和腺癌中，也曾观察到病毒粒子从上皮细胞出芽，在囊肿和肾小管的管腔中积聚大量的病毒粒子，这可能与肾小管和肾小球中有病理产物淤滞有关。

## 第九节　原发性肝癌

原发性肝癌（primary hepatic carcinoma）是指肝脏细胞成分癌变而发生的一种恶性肿瘤。在实验条件下，人工感染禽白血病病毒某些毒株可以引起本病。例如，试验鸡感染禽白血病病毒 MC29 毒株 18～100 天后可引起原发性肝癌，癌细胞来源于肝细胞，属肝细胞性肝癌，而且发病率相当高。眼观肿瘤呈小结节状，灰白色或灰黄色。镜检癌细胞为多角形或梭形，核大，核仁明显、粗大，呈“鸟眼”形，常见核分裂象。癌细胞排列呈条索状、腺管状或团块状，异型性显著。由禽白血病病毒 MHZ 引起的肝癌是由形态发生明显改变的“肝细胞”组成的实体团块，癌细胞外形不规则，核呈空泡状，核仁大而致密。

在自然条件下，引起禽类原发性肝癌的原因很多，病毒性感染、中毒因素均可导致本病的发生。可见病鸡有消瘦、贫血、被毛蓬乱无光等症状。剖检，眼观见肝脏有程度不同的肿大，常有灰白色或淡黄色巨块状、斑点状或结节状病变。镜检癌细胞由肝细胞癌演变而来，弥散性或小灶状分布在肝组织之间。癌细胞呈不规则多边形，胞浆呈不同程度的嗜碱性；核圆形或不规则圆形，深染，分裂象较多。病变部位肝细胞多已消失，残留者变性。

## 第十节　卵泡膜细胞瘤和粒层细胞瘤

由禽白血病病毒某些多功能毒株引起禽卵巢卵泡膜细胞的肿瘤称为卵泡膜细胞瘤（theca cell tumor）或卵泡膜瘤；引起禽卵巢卵泡颗粒层细胞的肿瘤，称为粒层细胞瘤（granulose cell tumor）或颗粒细胞瘤。

禽白血病病毒 BAI-A 和 HPRS-103 毒株可以引起卵泡膜细胞瘤，一般为良性。肿瘤起源于卵巢卵泡膜细胞（由卵巢皮质基质的结缔组织衍生而来）。眼观肿瘤呈圆形或椭圆形结节状，有完整的纤维性包膜，切面均质，灰黄色，质地坚实。镜检瘤细胞呈不正圆形、椭圆形、多角形或梭形，核圆形、椭圆形或梭形，大小不一，多有空泡化，一般可见核仁，胞浆较丰富，深浅不一。

BAI-A 和 HPRS-103 毒株也可引起粒层细胞瘤。此瘤多为良性，少数为恶性。肿瘤起源于卵泡颗粒层的颗粒细胞，眼观肿瘤呈大小不等的结节状，有完整的包膜，切面均质或有小的囊腔。镜检瘤细胞形态不一，呈立方形、柱形或多角形；瘤细胞排列成圆柱状、条索状、腺管状或弥散状分布。恶性粒层细胞瘤的瘤细胞异型性明显，可见核分裂象，瘤组织中常有出血、坏死等变化。

## 第十一节　神经胶质瘤

最近日本学者 Tomioka Y 从感染鸡中分离了一株能引起禽神经胶质瘤（glioma）的禽白血病病毒。经鉴定，该分离株为 ALV-A 亚群。在 C/O SPF 鸡体内感染病毒进行病毒的分布和病原性研究中，12 只实验鸡的组织学变化为：有 11 只鸡（92%）表现非化脓性脑炎；3 只鸡（25%）显示特征性神经胶质瘤结节（在 50 天或 100 天）；9 只（75%）有非化脓性心肌炎病毒，并常在心肌纤维中复制。实验证明，此病毒也能在鸡胚接种的鸡中诱导肿瘤。

ALV-J 也可以引发神经胶质瘤[217]。

## 第十二节　其他肿瘤

接种 MH2 病毒的鸡在睾丸可诱发精原细胞瘤。这种肿瘤是精细小管的一种腺癌，没有波及间质细胞。

MC29、MH2 和 HPRS-103 可引起鸡的胰腺癌。骨石化病病毒 Pts56 株可引起珍珠鸡的胰腺癌和腺癌以及十二指肠的乳头状瘤。感染 MC29 或 MH2 的鸡少数可发生鳞状细胞癌。

将 MC29 病毒接种于鸡的腹膜，诱发了大量的浆膜细胞间皮瘤，瘤体呈圆形或梨形的实体性乳头状赘生物，其瘤细胞为圆形，核大而圆，并有鲜明的核仁。间皮瘤具有很高的侵袭性，可侵入邻近组织，如肝脏、肠管、卵巢、胰腺和软骨等。

## 第十三节　肿瘤性疾病过程中某些非特异性反应

在禽白血病病毒的某（些）毒株感染易感动物后引起多种多样的具有特征性的肿瘤性疾病的过程中，还经常同时出现一些非特征性的反应；而有些病例或只出现某种肿瘤的特征性病变，或只有非特征性反应，甚至检查不出任何特征性变化和非特征性反应。这些非特征性反应可以是该肿瘤性疾病本身的相关变化或免疫反应；也可能是其他病原混合感染或其他因素的影响出现的应答性反应。

感染 ALV 的某些病例在感染过程的某一时期，并不出现肿瘤性疾病所特有的病变。例如，幼年时感染某些白血病病毒的鸡、火鸡常发生贫血、肝炎、免疫抑制和消瘦，有些还可能死亡；接种 RAV-1 株 ALV 的鸡可出现心肌炎和慢性循环综合征；接种 RAV-7 的鸡产生神经症状，包括运动失调、嗜睡和平衡失调，这些症状是由非化脓性脑脊膜脑脊髓炎引起的；卵内感染 RAV-1 可造成中枢神经系统的持续感染，并出现炎性损伤和症状。

某些禽白血病肿瘤性疾病发生时，髓细胞过度增殖，限制和抑制了红系细胞的生成，从而造成贫血，而给予抗病毒抗体可防止贫血。然而贫血是由于骨髓再生障碍，骨髓中红细胞不能将铁结合到血红蛋白上，以及红细胞存活时间缩短和红细胞病理性溶血增加等多种因素所致，而且其他疾病和营养因素也均可引起贫血，所以

“贫血”并非禽白血病所特有。

在发病过程中，还可能出现免疫抑制，包括淋巴器官萎缩或发育不全、促有丝分裂剂诱导的胚细胞形成减少，以及抗体应答降低等。免疫系统的改变可能是由于 B 细胞成熟过程中止和抑制性 T 细胞发育阻断，而这些可能是由于功能性白细胞介素-2 的合成受到干扰所致。

RAV-7 还可引起发育不良和器官萎缩、代谢障碍或肥胖、高甘油三酯、高胆固醇、甲状腺素水平低下（甲状腺机能减退）和胰岛素水平升高。发育不良的出现可能与病毒对甲状腺机能的抑制有关。

无明显症状的病毒感染可引起产蛋鸡的生产力下降。饲养到 497 日龄时，每只排毒母鸡少产蛋 20 ~ 35 枚；与不排毒鸡相比性成熟较晚，产的蛋较小，产蛋率较低，蛋壳较薄。

# 第六章　禽白血病的诊断

ALV 可以垂直传播，也可以水平传播，但鉴于 ALV 在环境中的存活时间很短，水平传播的能力有限。这些特点决定了禽白血病的诊断和 ALV 的检测比较复杂。在临床上，通过临床症状和病理变化可以进行初步诊断，但要确诊，还需进行实验室检查，如病毒的分离，通过病毒学方法、免疫学方法或分子生物学方法进行病毒的鉴定。病原检测与鉴定技术是种禽净化的关键。运用两种及两种以上不同的检测方法对 ALV 进行诊断，以避免出现假阳性或假阴性结果，确保诊断的准确性。

因为内源性 ALV 的致病性很低或不致病，ALV-C 和 ALV-D 的感染率极低或者说临床上很少见，所以，在进行实验室诊断时，主要针对的是 ALV-A、ALV-B 和 ALV-J。近年来，通过流行病学调查发现，ALV-J 在鸡群中的感染率非常高，引起的危害也比较严重。因此，针对 ALV-J 的检测研究也比较多。

由于 ALV 囊膜基因的不断变异，引起抗原的变动，同时外源性 ALV 和内源性病毒的相互作用导致 ALV 在遗传学上不断发生改变，使得检测手段难以跟上其变化速度，这也是 ALV 极难根除的主要原因之一。因此，要及时追踪 ALV 遗传学的变化，并建立相应的检测新方法，以便为防控 ALV 提供一点帮助。

ALV 的自然感染率极高，即使在临床健康的鸡群中也普遍存在，因此，在进行 ALV 的诊断时，仅仅检测到病毒的血清抗体或者病原核酸都不能说明鸡群发生了禽白血病，必须结合发病鸡群的流行病学资料，特别是病理组织学材料才能对发病鸡进行确诊。

## 第一节　临床综合诊断

禽白血病的发生可以由多种不同的 ALV 引起，不同的 ALV 感染鸡后可能在临床症状、病理变化甚至组织学上也非常相似，这时很难知道确切的病原。同时，禽白血病与马立克病、网状内皮组织增生症在病理学上要进行鉴别诊断（具体的鉴别诊断见本章第五节）。目前，国内外大多数病理学家都认为，由于鸡群中的肿瘤变得越来越复杂，单靠病理学检查已很难对鸡的肿瘤病作出鉴别诊断。现在，大多数禽病专家已经有了一个共识，即鸡肿瘤病的确切鉴别诊断必须综合应用不同的实验室检测方法。因此，必须将病原学、病理学、免疫学和分子生物学的方法结合起来，才能比较准确地诊断禽白血病。

## 第二节　病原学方法

### 一、病毒的分离与鉴定

病毒的分离与鉴定被认为是诊断禽白血病的一种最敏感、最有效和最可靠的方法。但是，条件要求比较高，费时（一切顺利的话，在适宜条件下，从取样到出结果大约需要 10 天）、费力、费财，不适于大量样品的检测，同时也不适合基层兽医。即使从鸡只中分离不到病毒，也不能保证鸡群中不存在潜伏感染的病毒，更不能排除再感染的可能。ALV 各亚群病毒的分离方法基本相同。病毒的鉴定方法主要是免疫学方法和核酸分子生物学的方法，具体见第三节和第四节。

1. 病料的采集与处理

可供分离 ALV 的病料包括：肝和脾等多种软组织、全血、血清、血浆、泄殖腔和阴道拭子、粪便、口腔冲洗物、肿瘤病灶、刚产蛋的蛋清、鸡胚、精液和羽髓。病料采集时尽量做到无菌状态。

将病料加入灭菌 PBS 与石英砂（没有时可不加），在研钵中充分研磨，反复冻融 3 次，6 000r/min离心 5min，取上清经 0.22μm 滤器过滤除菌备用。

2. 病毒的细胞培养

可以用于 ALV 培养的细胞及细胞系有很多，其中，鸡胚成纤维细胞、DF-1 细胞系是最常用的。ALV 在细胞中增殖时一般不引起明显的细胞病变，在显微镜下很难直接判断细胞中是否有病毒感染，这时必须通过其他的一些检测手段，如 ELISA、PCR、间接免疫荧光等方法来判断细胞培养物中是否有病毒存在。

ALV 的细胞培养方法基本相同。ALV-A 的细胞培养方法[117]：待 DF-1 细胞生长成 70% ~80% 单层时，吸弃生长液，接种病料上清，37℃感作 1.5h，然后再加 2% 血清含量的细胞维持液。继续培养6 天，期间观察细胞的生长状况。第 7 天时，将 DF-1 细胞反复冻融 3 次，5 000r/min离心 10min，离心后的细胞上清进行 ELISA 抗原检测，将细胞沉淀用于提取 ALV 前病毒基因组 DNA。

3. 病毒的鸡胚培养

接种所用鸡胚经检测均为禽白血病群特异性抗原 p27、母源抗体阴性。按常规方法准备好鸡胚，5 ~8 日龄时经卵黄囊途径接种，10 ~13 日龄时经绒毛尿囊腔途径接种。鸡胚卵黄囊接种方法和绒毛尿囊腔接种方法可参见一些相关教材。RSV 和其他肉瘤病毒接种 11 日龄敏感鸡胚的绒毛尿囊膜（CAM）可引起肿瘤斑，接种后 8 天可进行计数，肿瘤斑的数量与病毒剂量呈线性关系。

4. 病毒的鉴定

病毒的鉴定比较复杂，曾经使用的方法一般很难具备相应条件，下面简单介绍这些方法。

（1）抵抗力诱导因子试验（RIF）[149]　1960 年，Rubin 发现禽白血病病毒感染鸡胚成纤维细胞后可以抵抗 Rous 肉瘤病毒的感染，从而导致 Rous 相关病毒的发现及建立了抵抗力诱发因子试验。郑葆芬（1996）将这种现象称为病毒干扰（virus interference）。如果某敏感细胞预先被某一种病毒感染，随后含有相同糖蛋白的病毒就不能再感染该细胞，此种封闭细胞受体的现象即为病毒感染。ALV在鸡胚成纤维细胞（CEF）培养上不产生细胞病变，但对同一亚群的 ALV 的感染呈现抵抗。利用这一特点可以检测和区分 ALV 亚群。必要条件：C/E 细胞（对 E 亚群 ALV 有抵抗力，对其他亚群 ALV 敏感）和已知亚群的 ALV。该试验只适用于细胞病变产生慢的 ALV。试验时 RSV 标准种毒在细胞上诱发的蚀斑数小于易感对照细胞上的 1/10 或更少时，则表明存在 ALV。

（2）以表型混合为基础的试验　囊膜缺陷型 Rous 肉瘤病毒可以感染鸡胚成纤维细胞并使细胞转化。病毒的缺陷型基因组可以复制病毒 RNA，但由于缺乏囊膜基因产生的子代病毒没有感染性，不能进入新的宿主细胞。这样转化了的细胞成为 Rous 肉瘤病毒的非生产者，称为不产毒细胞（non-producer，NP）。当含有缺陷型 Rous 肉瘤病毒的 NP 细胞重复感染非缺陷型的白血病病毒时就会发生互补现象，产生感染性的 Rous 肉瘤病毒和白血病病毒。此时的 Rous 肉瘤病毒获得了白血病病毒的囊膜特性，拥有混合感染的白血病病毒的膜表面抗原特征。检测新生的感染性 Rous 肉瘤病毒指示这类试验的结果。这就是表型混合试验的基础。该试验通过使用对不同亚群有抵抗力的宿主细胞或已知白血病病毒进行干扰试验来确定待检病毒的亚群属性。

① 非产毒细胞激活试验（NP）。可用于检测病毒，并确定其亚群。其原理是将囊膜缺陷肉瘤病毒（如 Bryan 高滴度毒株，BH-RSA）转化形成 NP 细胞，不产生传染性 RSV，用待检测白血病病毒叠加感染后，即产生传染性 RSV，将其感染 CEF（C/E）细胞，则可以被检测出来。这样根据混合培养物的上清中是否产生大量的感染性 RSV 就可以确定样品中是否有白血病病毒的存在。作亚群鉴定，则需要制备有遗传抵抗力的 NP 细胞[151]。一种被 BH-RSA（缺损囊膜基因）转化的日本鹌鹑细胞系，称作 R（-）Q，已被用来作为 RSV 的基因组源。检测外源性 ALV 时，可选用对 E 亚群有

抵抗力的 C/E 成纤维细胞与 R（-）Q 细胞协同培养，在 C/E 成纤维细胞上检查协同培养物的上清。改良的 R（-）Q 细胞试验也可以用来检测内源性 ALV 和鸡的辅助因子（chick helper factor，CHF，即内源性病毒基因编码的 E 亚群囊膜糖蛋白）。

② 表型混合试验（PM）。该试验其实也是一种 NP 试验。1964 年，Okazak 发展了表型混合试验，可用来测定病毒和鉴定其亚群。其原理是将 E 亚群 RSV（如 RAV-0）感染对所有亚群均易感的 CEF 细胞，产生转化细胞，当叠加感染的材料中含有其他亚群的白血病病毒时，则可产生亚群的 RSV，并可用 C/E 成纤维细胞测定[152]。经过 7 天后在 C/E 成纤维细胞上检测培养物的上清或冻融裂解物中的 RSV。由于 RAV-0 不会感染 C/E 成纤维细胞，因此，C/E成纤维细胞形成的蚀斑是 RAV-0 与待检样品中的 ALV 表型混合培养的结果，说明被检物存在外源性 ALV。

对于 ALV 亚群的鉴定，常用经典方法是根据病毒间在细胞培养的干扰试验或病毒中和反应，但这些方法都比较复杂，还需有已知亚群的 ALV 参考株，因而限制了这两种方法的应用。鉴于 ALV 的亚群是基于病毒囊膜蛋白的 gp85，因此，近几年来国内外都开始根据 gp85 的同源性比较来确定亚群。在通过 PCR 等方法获得 gp85 的基因并经测序后通过一些分子生物学软件将分离株与不同亚群 ALV 参考株的 gp85 基因序列进行同源性比较，同源性高者，则为相同亚群（同时符合微生物鉴定的一般原则），这已成为通用的方法。ALV 的 gp85 基因很容易发生变异，但一般认为，同一亚群 ALV 的 gp85 氨基酸序列的同源性应在 90% 左右。因此，在鉴定亚群时，最好同时比较 gp85 的基因序列和氨基酸序列同源性。

这里介绍赵振华报道的 PM 试验方法。PM 试验需要 E 亚群种毒 RSV（RAV-0，Rous 相关病毒-0）和对 A ~ E 各亚群病毒均易感的细胞（C/0）、对 E 亚群有遗传抵抗的成纤维细胞（C/E 细胞）。这个试验体系中所有使用的细胞都必须来自无 A ~ D 亚群 ALV 感染的鸡胚，而 C/E 细胞必须无 E 亚群 ALV 的表达。

① 制备 C/O 次代 CEF 培养物。用 DEAE-葡聚糖处理过的组织

培养液悬浮 CEF 细胞。

② 加入 RAV-0 使其浓度为每毫升 $2 \times 10^2$ 个蚀斑形成单位。

③ 将这样处理过的已含有 RAV-0 的细胞悬液 2mL 加到 35mm 培养皿中培养。每个样品使用一个培养皿。被滴定的 ALV 则每种稀释度（通常为 $10^{-6} \sim 10^{-1}$）各用一个培养皿。设两个 RAV-0 对照（即不接种样品或 ALV 对照）培养皿。

④ 第 2 天更换培养液。在 2h 内于每个培养皿中加入 100μL 待检样品。

⑤ 接种后 1 ~2 天更换培养液。

⑥ 通常情况下在 RAV-0 接种培养后 5 ~7 天出现 RAV-0 诱发转化的明显病灶。分别收集所有细胞未脱落的培养皿和对照培养皿中的上清液，低速离心沉淀细胞。

⑦ 收集上清液接种 C/E 细胞用于检查表型混合。

⑧ 制备 C/E 次代 CEF 培养物。按上述方法经 DEAE-葡聚糖处理。

⑨ 吸取⑦ 中的上清液 0. 5mL，立即接种到新制备的 C/E 次代 CEF 培养物或已培养 24 小时的 C/E 培养物（35mm 培养皿）中。

⑩ 第 2 天弃去培养液，用含 0. 7% 琼脂的培养液覆盖 C/E 培养物。2 ~3 天后加 1mL 无血清组织培养液。

⑪ 接种培养后 5 ~7 天作蚀斑检查。出现病灶的任何培养皿即判为 ALV 阳性，即待检样品中存在 ALV，并且与 RAV-0 发生了表型混合。

⑫ 如需要对 ALV 进行分离和进一步定性，可将 PM 试验阳性的样品材料在 C/E 细胞培养物上进行分离和增殖 ALV。

（3）三磷酸腺苷酶活性试验　鸡血浆中的 ALV 可通过三磷酸腺苷酶活性进行检测。ALV 表面存在有 ATP 酶，该 ATP 酶可以使 ATP 去磷酸化。三磷酸腺苷酶活性试验在常规和大规模的检测中很有用。该试验对检测禽成髓细胞性白血病是特异的。

5. 病毒的分离鉴定与其他方法的比较

王彦军等[4]用 260 日龄鸡的血浆接种 DF-1 细胞分离地方原种

鸡感染的 ALV-A 和 ALV-B 时发现，病毒分离率（29.49%）比棉拭子 p27 抗原检出率（20%）高。

## 二、病毒血症的检测

如果鸡只在较早的日龄如 1 日龄或胚胎时期就感染了 ALV，则在以后的生长过程中可能会形成病毒血症。血清中的病毒存在呈波浪形，因此必须在不同时间进行检测[260]。如检测到 ALV 病毒血症的存在，则应该对鸡群采取必要的措施。下面主要介绍孙贝贝等[121]所采用的 ALV-J 病毒血症检测方法。

1. 病毒蚀斑的培养

无菌采集抗凝血，4℃放置，分离出血浆样品，用在 4℃预冷的 DMEM（GIBCO BRL）营养液进行 25 倍稀释，接至含鸡胚成纤维细胞（CEF）单层的 24 孔板上，每孔 120μL，每份样品接 2 孔，同时，每块板设阴性对照。于 37℃吸附 2h，弃去血浆稀释液，用含 15% 小牛血清的 DMEM 营养液与 2% 的低熔点琼脂溶液（在 45℃下预孵）按 3：1 的比例混合后覆盖细胞单层，37℃培养 4 天。

2. 间接免疫荧光试验（IFA）

培养 4 天后取出细胞板，去掉软琼脂，1×PBS 洗涤 1 次，固定液（丙酮：乙醇（95%）=3：2）固定 8min 后，1×PBS 洗涤 3 次。用 ALV-J 的特异单克隆抗体 JE9（1：500 稀释）作第一抗体，每孔 200μL，37℃ 45min，1×PBS 洗涤 3 次。分别用 FITC 标记的羊抗鼠 IgG 抗体（SIGMA 公司，1：100 稀释）作为第二抗体，每孔 200μL，37℃ 45min，1×PBS 洗涤 3 次。加 50% 甘油覆盖，置荧光显微镜下观察计数病毒蚀斑。

3. 病毒蚀斑数的计算

对 24 孔板中每个孔的 IFA 结果进行观察，如果有几个显示特异性荧光的细胞聚集在一起则视为 1 个病毒蚀斑，分别计数每个孔中特异性荧光的病毒蚀斑数（PFU/孔），再根据以下公式计算（PFU/mL）：PFU/mL =每孔病毒蚀斑数（PFU/孔）/［每孔加入血清样品稀释液的量（mL/孔）×稀释倍数］。

## 三、ALV $TCID_{50}$的测定

利用 Reed-Muench 法在组织培养细胞上测定 $TCID_{50}$，参照文献[19]的基本程序，具体方法[163]如下。

① 接种 DF-1 细胞于 96 孔板，待 DF-1 细胞长成单层。

② 取出 -70℃冻存的病毒液，置于冰上融化。

③ 取 12 支无菌 1.5mL 离心管，分别加入 900μL 含有 1% 小牛血清的 DMEM 生长液，吸取 100μL 融化的病毒液加入第一支已装有 900μL 含有 1% 小牛血清的 DMEM 生长液的离心管中，将混合液充分震荡。更换新的枪头，吹打混匀，并吸取 100μL 转移至第二管 900μL 含有 1% 小牛血清的 DMEM 生长液中，将混合液充分震荡，更换新的枪头，吹打混匀，并吸取 100μL 转移至第三管 900μL 含有 1% 小牛血清的 DMEM 生长液中，连续如此操作，即可做成连续的一系列 10 倍稀释液。

吸取每一稀释度的病毒液 100μL，加入已在 96 孔板上长成单层的 DF-1 细胞上，每个病毒液稀释度做一列，共 8 个孔。一共 12 个稀释度。37℃，5% $CO_2$，逐日观察，培养 7 ~ 10 天。由于 ALV 不在细胞上引起细胞病变（CPE），所以每孔取上清利用 IDEXX 公司 ALV p27 抗原检测试剂盒检测禽白血病病毒群特异性抗原。按表 6 - 1 所举例子计算 $TCID_{50}$。

由表 6 - 1 看出，能使 50% 细胞孔出现阳性的病毒稀释度在 $10^{-3}$ ~ $10^{-4}$，其中间距离比例按 Reed-Muench 公式计算：距离比例 =（高于 60% 的阳性率 - 60）/（高于 60% 的阳性率 - 低于 60% 的阳性率） = (91.6 - 60) / (91.6 - 40) = 0.8。$TCID_{50}$ = 高于 50% 阳性率的病毒最高稀释度的对数 + 距离比例，故由上式得到的 0.8 加上高于 50% 死亡的稀释度的对数“3”上，因此该病毒的 $TCID_{50}$应是 0.1mL $10^{-3.8}$稀释的病毒液。查反对数，得 6310，即该病毒 6310 倍稀释液 0.1mL 等于 1 个 $TCID_{50}$。

表 6－1　$TCID_{50}$的测定和计算示例（Reed-Muench 法）

| 病毒液稀释度 | 细胞管观察结果 | | 累计细胞管数 | | 孔的总数 | 阳性孔所占的% |
|---|---|---|---|---|---|---|
| | p27 检测阳性孔数 | p27 检测阴性孔数 | p27 检测阳性孔数 | p27 检测阴性孔数 | | |
| $10^{-1}$ | 8 | 0 | 27 | 0 | 27 | 100（27/27） |
| $10^{-2}$ | 8 | 0 | 19 | 0 | 19 | 100（19/19） |
| $10^{-3}$ | 7 | 1 | 11 | 1 | 12 | 91.6（11/12） |
| $10^{-4}$ | 3 | 5 | 4 | 6 | 10 | 40（4/10） |
| $10^{-5}$ | 1 | 7 | 1 | 13 | 14 | 0.7（1/14） |
| $10^{-6}$ | 0 | 8 | 0 | 21 | 21 | 0（0/21） |

董宣等[180]通过实验证明 ALV-J NX0101 株半数细胞培养物感染量（$TCID_{50}$）与 p27 抗原呈显著正相关，可以通过酶联免疫吸附试验（ELISA）的 S/P 值来对 ALV 的 $TCID_{50}$值进行估测，但其同时解释说这种相关性仅限于 NX0101 毒株，不清楚 ALV-J 的其他毒株以及 ALV 的其他亚群是否有类似的结果。李薛等[281]通过实验认为，ALV-B SDAU09C2 株的 $TCID_{50}$与 p27 抗原之间也呈正相关，但其同时认为这种相关性只是统计学上显著相关，并不代表在每个具体样品中这两者之间都会有很高的相关性。武专昌等[181]比较了二株 ALV-B SDAU09E3 和 SDAU09C2 在 DF-1 细胞上的复制动态，发现在细胞培养上清液中二株 ALV-B 的 $TCID_{50}$值非常类似，但 SDAU09E3 株 p27 抗原的含量显著高于 SDAU09C2 株，表明 ALV 同一亚群的不同毒株在复制过程中所表达的 p27 抗原量与所形成的具有传染性的病毒量间没有平行关系。

## 四、肉瘤病毒的转化（蚀斑）试验

禽肉瘤病毒感染 CEF 细胞后 5～7 天，使梭形扁平的 CEF 转化成圆形有折光的蚀斑。可在显微镜下进行计数检查，如图 6－1[228]。试验时将试验材料接种到遗传上易感的单层 CEF。第 2 天弃去培养液，覆盖一层琼脂。在含胰蛋白胨的磷酸盐肉汤、小牛血清、碳酸氢钠的基础培养液199等培养物中，RSV形成的蚀斑最为清楚。

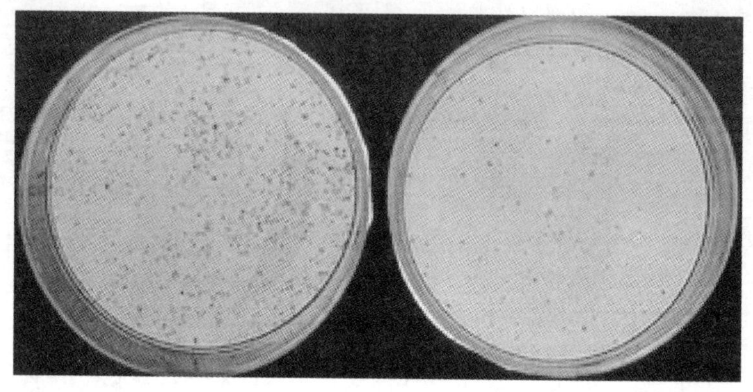

**图6-1　RSV转化CEF试验（左为1∶100稀释，右为1∶1 000稀释）**

## 第三节　免疫学方法

免疫学试验主要是通过已知抗原检测未知抗体或通过已知抗体检测未知抗原。在禽白血病的诊断过程中，检测抗原抗体均有诊断价值。随着鸡群日龄的变化，ALV的抗原抗体呈波浪形变化。因此，要进行不同时间点的多次检测。检测到ALV的抗原可以表明鸡只感染了ALV，检测到ALV的抗体可以表明鸡只曾经或正在感染ALV，这对采取有效的相应防制措施具有重要意义。

### 一、酶联免疫吸附试验（ELISA）及其相关技术

ELISA方法最重要的一个优点就是可以在短时间内进行大量样本的检测，而且所需要的试剂与仪器或设备较少，有利于开展大规模的流行病学调查和生产净化。ELISA方法在临床上应用的比较多，详细的方法与步骤可以参考各厂家试剂盒中的说明书。

1. 检测抗原的 ELISA

针对蛋白 p27 的 ELISA 方法具有快速、廉价的特点，可适用于包括卵蛋白、阴道分泌物、胎粪、泄殖腔棉拭子在内的多种样品的检测，也可用于检测病毒是否繁殖。1979 年，Smith 已经用兔抗禽白血病衣壳蛋白 p27 的 IgG 建立了检测 ALV 抗原的双抗夹心 ELISA 法，试剂盒实现了商品化。国内贠炳岭等[252]用 p27 蛋白的单克隆抗体和多克隆抗体也同样建立了检测 ALV 的双抗体夹心 ELSIA，为 ALV 的早期诊断及种鸡场的净化提供了有效工具。

p27 是在内源性病毒和外源性病毒中常见的一种蛋白产物，所以对病料样品的检测中时常会出现一定数量的假阳性结果。对 C/E 细胞培养物的检测，阳性结果也仅能表明细胞培养物中存在外源性 ALV，但不能区分 A、B、J 亚群或其他亚群，如果将本方法作为一种常规的诊断技术，那么对鸡群检测时必须多次随机取样才能鉴定，因为鸡群被外源性病毒感染后，在一定时期内 p27 的阳性结果将急速上升，而存在内源性病毒的鸡群 p27 阳性率相对保持稳定。

用不同厂家的 ELISA 试剂盒检测 ALV p27 抗原，在检出时间和病毒接种量方面存在一定差异。郭慧君等[21]用国内外 3 种不同厂家的 ELISA 试剂盒检测不同病毒接种量的 ALV-A、ALV-C 和 ALV-J，结果，在检出时间上，有的试剂盒对有的毒株高剂量组可以在接种后 3 ~ 5 天内检出，有的试剂盒却需要接种后十几天才能检出，有的试剂盒对低剂量组检测不出来。

王彦军等[4]通过 ELISA 检测 1 ~ 300 日龄内地方原种鸡感染的 ALV p27 抗原时发现，鸡群检出率最高峰在 170 日龄，最低峰在 7 日龄，其他日龄呈不规律变化，同时，发现 p27 抗原阳性数量随日龄增加而增多。王波等[259]应用 ELISA 检测皖南黄肉种鸡种蛋中的 ALV，发现种蛋孵化 9 ~ 11 天后制备的 CEF 再培养 10 天后的细胞上清中 p27 抗原的检出率高于其他两种处理方法（取鸡蛋卵白直接检测 p27 抗原；鸡蛋卵白接种 DF1 细胞，培养 10 天后取细胞上清检测 p27 抗原）。

2. 检测抗体的 ELISA

通过检测鸡群中 ALV 的抗体水平，可以用来判断鸡群中是否存在 ALV 的感染。血浆、血清和蛋黄都适用于 ALV 的抗体测定。ALV 抗体的测定可通过其与 ALV 之间的反应性来进行，某一亚群的病毒不能被不同亚群病毒引起的抗体所中和。市场上有检测 ALV-AB 和 ALV-J 抗体的 ELISA 试剂盒，广泛用于 ALV 的流行病学调查。

王彦军等[4]通过 ELISA 检测 1～300 日龄内地方原种鸡感染的 ALV-A 和 ALV-B 抗体时发现，1～28 日龄时检测不到抗体，38～300 日龄时逐渐出现抗体阳性鸡，阳性率在 10% 以下，到 260 日龄时抗体阳性率达最高峰，为 30.86%。崔治中等[193]也通过研究发现，在 25 周龄前，基本上鸡群对 ALV 的抗体阳性率随年龄逐渐增高。因此，如要判断鸡群对 ALV 的感染率，必须检测鸡群不同年龄段的血清样品。另外，中国农业科学院哈尔滨兽医研究所从 1991 年开始研究双抗体夹心 ELISA（DAS-ELISA），在生产上应用效果良好。

Qiu Yu 等[195]通过重组衣壳蛋白 p27 建立了检测禽白血病病毒抗体的间接酶联免疫吸附试验（iELISA），通过临床样本的检测，发现其与荧光抗体试验（FAT）的结果有很高的一致性，比商业性试剂盒有更高的敏感性。使用该方法可以检测所有外源性的 ALV，适用于规模化检测。

由于 ALV-J 在鸡体内呈持续性感染，ALV-J 抗原及其抗体均可长时间存在于感染鸡血清中[6,96]。而这种状况往往会导致血清中存在一些免疫复合物。Russell 等[96]发现，在人工感染的肉鸡中，58.33% 的肉鸡均能引起病毒血症，不产生能被检测出的抗体，但是，在这些肉鸡中，有 42.86% 以上的鸡能够产生特异抗体。他们分析认为，可能是由于 ALV-J 抗原与 ALV-J 特异性抗体形成了免疫复合物，从而能干扰游离抗体的检测。

ELISA 只能检测 ALV 的抗体水平，即使检测的是阳性样品，也只能说明曾经感染过 ALV，不能判断鸡群中现在是否还存在

ALV 的感染。但也可以通过检测来剔除阳性鸡群，从而达到在鸡群中逐渐净化 ALV 的目的。在实际生产中，可以多种检测方法联合使用，提高检测灵敏度和准确度，控制禽白血病的感染。

3. 检测抗原抗体复合物的 ELISA

叶建强等[206]用 ALV-J 囊膜糖蛋白特异性单克隆抗体 JE9 建立了检测 ALV-J 囊膜抗原-抗体复合物的 ELISA 方法。

## 二、免疫荧光（IF）及其相关技术

秦爱建等[153]应用特异性 ALV-J 单克隆抗体建立了免疫荧光检测 ALV-J 抗原和抗体的方法具有很高的特异性。刘绍琼等[120]用间接免疫荧光技术检测 817 肉杂鸡肉瘤组织中的 ALV-A 和 ALV-J，具有简单、快速的特点。基本程序如下：接种病料的细胞在 96 孔细胞培养板上培养 3 天，弃去培养基，用 PBS 洗涤两次，然后加丙酮-乙醇（6∶4）固定液固定 10min，用 PBS 洗涤 3 遍，干燥后进行 IFA。96 孔细胞培养板分别加入 ALV-J 特异性单抗 JE9（1∶500稀释，为 ALV-J gp85 特异性单抗），37℃孵育 45min，弃去单抗，用 PBS 洗涤 3 次；再加入 FITC 标记的羊抗鼠荧光抗体（1∶160稀释），37℃孵育 45min，弃去二抗，用 PBS 洗涤 3 次，置荧光显微镜下观察。在荧光显微镜下可以看到阳性反应的细胞形态轮廓非常清晰，细胞浆被染成绿色，而细胞核未被染色。未接种病毒的正常 CEF 细胞和阴性样品在荧光显微镜下细胞浆和细胞核均未被染成绿色。

## 三、补体结合试验（COFAL）

1964 年，Sarma 建立了补体结合试验。该试验可用于测定病毒群特异抗原（gag-p27）。试验要求有对照细胞，测定对照细胞和接种细胞培养物的补体结合活性可以区分内外源性病毒产生的 gs 抗原，因为经过传代增殖的待检外源性病毒的 gs 抗原比内源性病毒的 gs 抗原的活性要高得多。为了区分是内源性还是外源性病毒的群特异性（gs）抗原，将含病毒的样品接种 CEF（C/E 细胞或不表达内源性 gs 抗原的 CEF)，用特异抗血清进行鉴定。以 Rous 肉瘤病毒感染家兔或仓鼠，制备补体结合性抗 gs 抗原的血清[150]。如果采用对不同亚群病毒有抵抗性的细胞制备抗原，由于某一亚群病毒在对其有抵抗的细胞上不产生抗原，因而利用补体结合试验可对待检的 ALV 亚群进行鉴定。1968 年，Payne LN 等建立的检测禽白血病群特异性抗原的间接补体结合试验，曾为禽白血病的检测做出了重要贡献。但 COFAL 试验的敏感性较低。

由于内源性病毒 gs 抗原对试验的干扰，利用 COFAL 试验对组织病料直接进行检测所得结果几乎没有意义。很难确定 gs 抗原是来自外源性病毒的感染。当然，在鸡群净化中采用蛋清直接进行 COFAL 试验的情况例外，因为在蛋清等样品中病毒的含量很高。

病毒增殖时可对样品接种的细胞进行继代培养，以增加病毒含量。通常接种后作 2 次继代，培养 1 天。收获细胞后可按以下步骤进行 COFAL 试验来检测群特异性抗原。

① 收获的细胞悬液冻融 3 次，低速离心（800～1 000r/min，10min）使悬液澄清，上清液用作 COFAL 试验的抗原。

② 溶血素、豚鼠补体以及抗 ALV gs 抗原的抗血清均以小量分装后冷冻保存。绵羊红细胞用阿氏液配制成 50% 悬液（vol/vol），4℃冰箱保存，可存放 1 个月。进行 COFAL 试验时，每天都应测定补体的活性。微量滴定装置可选用 U 形孔微量板和 25～50μL 的多孔道吸液器或稀释器。

检测 gs 抗原的第一步是按以下方式设置待检、对照抗原和抗血清。

③ 在反应板上贴上标签，并在代表微量滴定板的数据格上注明对应孔，每块板必须设有溶血的和抗补体的对照孔。

④ 在微量板上的所有孔加 5μL 佛罗那缓冲液。

⑤ 在两个孔内每孔加 2μL 样品，并用多孔道吸液器，或 25μL 稀释器将样品作 2 倍系列稀释［1：（2～4）］。一组稀释用作试验系列，而另一组作为抗补体对照。

⑥ 在待检孔内加 4U 的 25μL 热灭活（56℃，30min）抗血清。

例如，在封闭滴定（用20% A LV 感染 CEF 抽提物）中，终点稀释度为1：128 的抗血清作1：32 稀释，25μL 内即含4U 抗血清。

⑦ 所有孔加 5U 的 50μL 补体。抗补体对照孔加 25μL 佛罗那缓冲液。

⑧ 从工作稀释度开始将抗血清对照稀释 8 倍以上。工作稀释度的抗体含量应是阻断滴定中所获得的终点稀释度的 4 倍以上。

⑨ 从20%的已感染 ALV 的 CEF 抽提物开始，将阳性对照抗原稀释 8 倍以上。

⑩ 分别用4U 抗原和抗血清相互检测抗血清或抗原对照。

⑪ 补体对照，在总体积为 100μL 佛罗那缓冲液中测定 5、2.5 和 1.5 个补体 50% 溶血单位，用以检查溶血活性。

⑫ 加盖并将微量板置冰箱过夜。

⑬ 第 2 天按如下步骤制备致敏指示细胞：先用佛罗那缓冲液将绵羊红细胞洗 3 次或至清亮为止，再配成 2.8% 的悬液。

⑭ 一部分红细胞用等体积的适当稀释过的溶血素在 37℃ 致敏 15min。

⑮ 每孔加 25μL 致敏红细胞的均匀悬液。

⑯ 设致敏红细胞对照以检查红细胞悬液的稳定性和稀释缓冲液的渗透性。

⑰ 用胶带封好反应板，轻摇后在 37℃ 保温 1h，孵育时间内再摇动 1 次。

⑱ 让细胞在 4℃ 静止 3 ~4h 后记录结果。根据细胞沉积的面积和背景色的强度来判定溶血作用（表 6 –2）。

**表 6 –2　溶血结果的判定**

| 溶血（%） | 判定 |
|---|---|
| 0 ~30 | + |
| 30 ~50 | + |
| 50 ~100 | – |

但是，补体结合试验的灵敏度较低[221]。当病毒滴度较低时，补体结合试验的结果可能为阴性，从而造成假阴性，进而可能带来一些想不到的问题。

## 四、免疫组化技术

用免疫组化技术检测病毒感染组织中的病毒蛋白是常见和最合适的方法。免疫细胞化学技术在细胞、亚细胞水平原位检测抗原分子，是其他任何生物技术难以达到和代替的，它能在细胞基因和分子水平同时原位显示基因及其表达产物，形成新的检测系统。成子强等[175]用免疫组化技术检测 ALV-J 感染鸡不同组织中的抗原，取得不错的结果。徐缤蕊等[207]使用 ALV-J 特异性单克隆抗体用于免疫组织化学法检测感染蛋鸡组织中的 ALV-J gp85 蛋白的表达，证实了商品蛋鸡中存在 ALV-J 感染。

这里简单介绍免疫组化方法[175]。取骨髓、肝脏、心脏、肺脏、小肠、脾脏、法氏囊、肾脏、卵巢、骨骼肌、脑、肿瘤、坐骨神经于 100mL/L 福尔马林溶液中固定，石蜡包埋，常规切片，厚度 5μm。切片用二甲苯脱蜡，无水乙醇脱水固定 2 次，每次 2min；30mL/L 过氧化氢/甲醇溶液中 10min，水冲洗；PBS 洗 2 次，吸去多余的液体，加 100μL 一抗，37℃ 湿盒 1h；PBS 洗 3 次，每次 2min，吸去多余的液体，加 100μL 二抗，室温下 30min，PBS 洗 3 次，每次 2min，加 TMB 底物显色，室温 15min；水洗 3 次，伊红复染，酒精脱水，封片，显微镜观察，记录。

## 五、中和试验

病毒中和试验是测定鸡抗白血病/肉瘤病毒亚群特异性抗体最敏感的一种方法。一个亚群中的白血病病毒只能被同亚群中的其他白血病病毒的抗体所中和，而不被其他亚群的特异性抗体所中和，这也是亚群的分类基础之一。试验需要 ALV/RSV 参考毒株、抗 ALV 亚群的参考抗体和易感的 CEF 培养物。为了便于观察，ALV/RSV 参考毒株通常采用标准的假型 RSV 作为亚群的指示病毒。试验时先将血清与假型 RSV 混合孵育，然后用易感雏鸡、鸡胚或 CEF 细胞培养物等多种方法定量测定混合物中未被中和的残留假型 RSV。常用的方法是细胞培养物定量测定，通过细胞培养后假型 RSV 形成蚀斑的减少数定性定量，即 RSV 蚀斑减少试验。

此外，微量中和-ELISA 法可以直接使用 ALV 而不是假型 RSV 作为指示病毒。试验在 96 孔滴定板上进行，未被中和的残留 ALV 培养增殖 7 天后，用 ELISA 法检测细胞培养物中产生的 gs 抗原。病毒中和部分按如下步骤进行。

① 血清在 56℃ 灭活 30min，并用无血清组织培养液作 1∶5 稀释。

② 测定每毫升将产生 500 ~ 1 000 个感染单位的 ALV 稀释度。使用 RAV-1、RAV-2、RAV-49、RAV-50 或 RAV-0，分别测定抗 A、B、C 或 E 亚群 ALV 的抗体。

③ 除 3 ~ 5 孔用作细胞对照外，在微量滴定板上的每孔加 50μL 病毒悬液。

④ 每孔加 50μL 灭活的已稀释的试验血清后，用吸管吹洗 2 ~ 3 次，使孔内的病毒与血清混合。

⑤ 设已知阳性和阴性血清对照。

⑥ 将微量滴定板在 37℃ 孵育 40min。

⑦ 加入约 $5 \times 10^4$ 个成纤维细胞，细胞必须无内源性病毒和抗原。

⑧ 培养 7 天，期间不用换液。

⑨ 每孔加 20μL 含 5% 吐温-80 的 PBS。在用 ELISA 测定悬液前，至少冻融 2 次。

残余病毒的测定采用 ALV 群特异性抗原的 ELISA 法。阴性 ELISA 读数表明，检测的血清为相应 ALV 亚群抗体阳性，而阳性 ELISA 读数则表示血清为相应 ALV 亚群抗体阴性。

## 六、放射免疫测定

以 p27 抗原为基础。可以在样品组织上直接进行，也可以在病原接种的细胞培养物上进行。

根据反转录酶的特性，利用正确的模板直接检测或用放射性免疫测定间接检测反转录酶来证明病毒的存在与否。

### 七、免疫传感器检测技术

免疫传感器作为一种新兴的生物传感器，以其鉴定物质的高度特异性、敏感性和稳定性受到青睐。有人对免疫传感器技术检测 ALV 进行过尝试。KDn Shang 等[220]以 $Fe_3O_4$ 核/Ni-Al 层双羟化物纳米球进行标记建立了一种检测 ALV-J 的免疫传感技术，其最低检测限为 180 $TCID_{50}$/mL。

### 八、快速检测试纸条

目前，在临床上使用较多的快速检测试纸条大多是使用胶体金进行标记的免疫层析法，具有简单、快速、准确和无污染等优点。梁有志等[254]用胶体金标记针对 ALV p27 蛋白的单克隆抗体制备了检测 ALV 抗原的快速检测试纸条，经临床样本验证，结果与商业 ELISA 试剂盒检测结果的符合率很高。该试纸条的成功研制为基层禽白血病的检测与净化提供一种强有力的辅助工具。

## 第四节　核酸分子检测技术

选择禽白血病/肉瘤病毒核酸相对保守而又有亚群特异性的区段制备探针或设计引物，检测病毒样品提取物中的前病毒 DNA 或 RNA，可以快速而特异地作出诊断。较为常用的方法是核酸的斑点杂交和聚合酶链式反应（Polymerase Chain Reaction，PCR）。由于 ALV 基因组的特点，目标核酸片断的选择和引物的设计需要注意亚群的特异性，同时还要考虑变异株能够获得阳性结果。

## 一、聚合酶链反应（PCR）及其相关技术

PCR 技术与核酸测序相结合已被广泛应用于生命科学的各个领域，包括病原鉴定、疫病诊断、流行病学调查等，其具有快速、敏感、特异的特点。建立特异性的 PCR 和 RT-PCR 诊断方法，可分别用于检测 ALV 感染鸡多种组织中的前病毒 DNA 和病毒 RNA。在 ALV 的研究中，国内外的学者都曾采用这类方法。迄今为止，国内外相继建立了检测 ALV 的多种 PCR 方法。

1. 样本的采集与处理

检测 ALV 的前病毒 DNA 可以从肿瘤组织、血液、肝、脾、肾、脑、卵巢、羽毛囊等提取，也可以从病毒感染组织和细胞培养物上提取。Sung HW 等研究表明，直接在鸡采羽毛囊提取基因组 DNA 进行 PCR 检测 ALV 的敏感性明显大于病毒感染组织和细胞培养物上提取的 DNA。

无菌采集病料，冷藏或冷冻保存。将保存的样本剪碎，与灭菌生理盐水按 1 ：5 的比例匀浆，冻融 3 次后，12 000r/min 离心 10min，取上清作为核酸抽提物质。鸡全血血液样本直接冻融 3 次后，12 000r/min离心 10min，取上清作为核酸抽提物质。

2. 核酸的提取

采用常规的核酸提取方法，或者参照试剂盒的说明书进行操作。在操作过程中要防止污染。这里主要介绍常规方法。

（1）前病毒基因组 DNA 的提取　被检样品研磨后，取病料研磨液 1 000μL，4 000r/min离心 1min，弃上清，依次加入 450μL TE（pH8.0），50μL 10% SDS（终浓度为 1%），2μL 蛋白酶 K（使用浓度为 50μg/mL），轻轻混匀，56℃水浴中消化过夜。样品经酚、酚 - 氯仿、氯仿抽提后，用等体积的异丙醇 -20℃沉淀过夜，隔日将样品 4℃ 12 000r/min离心 12min。沉淀用 70% 乙醇洗涤。真空抽干。用 30μL TE 重悬沉淀，于 37℃用 RNAse 消化 30min 后，4℃或 -20℃保存，作为模板 DNA。

（2）病毒 RNA 的提取　取患病鸡肝组织 1.5g，研磨后 3 次冻

融，取样品 200μL，依次加入 250μL TE（pH 值 8.0）、50μL 10% SDS、2μL 蛋白酶 K（使用浓度为 50μg/mL），56℃水浴中消化 3h，并经预冷的酚－氯仿抽提，用等体积的异丙醇－20℃沉淀过夜。隔日，于 4℃离心，12 000r/min离心 12min。弃上清，用 70% 乙醇洗涤沉淀。干燥后，加入 50μL 无 RNAase 水使之溶解，测定样品分光光度值，－20℃储存备用。

3. 引物设计与目的片段的扩增

不同的研究人员出于不同的研究目的，针对不同亚群的 ALV 设计了不同的引物，用以检测 ALV。如欲获得引物序列，请参考相关资料。

对于 ALV-J，由于 gag 和 pol 基因与其他外源性亚群高度同源，而大部分 env 基因又与内源性 EAV-HP（ev/J）序列高度同源，因此，须十分小心选择引物才能避免假阳性。较为成功的两对引物可分别扩增 pol 基因与 env 基因、E 元件与邻近的 LTR 区之间的序列。Smith 等[208]基于前病毒 DNA 的 E 元件和 3′LTR 序列设计的引物能够特异性地从感染 ALV-J 的 CEF 基因组中扩增出产物，表明这对引物具有特异性。但该对引物不适合作为通用引物，用于检测所有的 ALV-J 毒株。

在 A 亚群 ALV 的特异性 PCR 中，按照前病毒 LTR 序列的 3′端 U3 区和保守的 U5 区序列设计的引物所建立的 PCR 对 A 亚群具有特异性，可以区别内源性 ALV。

（1）RT-PCR　2002 年，Kim Y 等将定量竞争 RT-PCR（QC-RT-PCR）应用到了 ALV-J 的实时检测。2003 年，Garcia M 等[210]通过在 LTR 区设计套式引物建立了 RT-PCR 法，可以排除内源性病毒的扩增，用于 A、B、C、D、J 亚群外源性 ALV 的扩增。

RT-PCR 没有 PCR 方法应用的多，主要是其试验操作比 PCR 麻烦。

（2）PCR　在 Smith LM 等[307]建立的方法中，他们从 pol 基因选取一段作为上游引物，从 env 基因选取一段作为下游引物，可检测到 ALV-J 的前 DNA，但这种方法必须注意排除内源性 EAV 的干扰。Smith EJ[208]等所用的 PCR 引物是用于扩增不常见的 E 成分和 LTR 高度保守的 5′独特区，结果表明，该 PCR 系统对 ALV-J 前病毒是特异、敏感的，只有来源于 ALV-J 的 5 个现场分离株和 Prague C RSV-感染 CEF 的 DNA 才能扩增出与原型株大小相同的产物，ALV 其他亚群、REV 和未感染病毒的 CEF 不能扩增出相应的条带，该引物可用于扩增血液、趾和鸡冠样品中的 DNA。2007 年，Robert F 等[186]设计了扩增不同亚群 ALV env 的引物，建立了区分不同亚群 ALV 的 PCR 技术，并取得了很好的应用效果。zavalaG 等[211]建立了一种 PCR 方法，可以从鸡羽髓中检测 ALV-J 的前病毒 DNA，这种方法具有快速的特点，同时，还不用损伤鸡只，排除了病毒培养分离及一些特殊试剂和细胞系的限制，在临床上的应用更大。

2001 年，刘公平等[54]比较 ALV-A、B、C、D 和 E 亚群全基因组序列，针对 gp85 基因区上下游的保守序列设计了一对引物，建立了 PCR/RFLP，用于诊断禽白血病和鉴别不同的 ALV 毒株的感染。2007 年，Silva[186]等选取 pol 基因片段下游为上游引物，以 gp85 基因下游片段为下游引物，设计了一系列引物可鉴别禽白血病病毒和区分不同亚群。毕研丽等[243]建立了一种多重 RT-PCR 方法，用以鉴别诊断禽呼肠孤病毒（ARV）、禽网状内皮组织增生症病毒（REV）和禽白血病病毒（ALV），但该方法不能区分不同亚群的 ALV。

PCR 的过程中，有提取 DNA 的过程，这个过程比较费时、费力、费试剂，并且污染的机会比较大，样品间可能会混淆。钱琨等[167]建立了一种不提取 DNA 的 PCR 方法，以鸡的抗凝血为模板，直接进行 PCR，其效果与提取 DNA 的方法检出符合率相同。但这个方法能否用于 J 亚群以外的其他亚群病毒等还有待于进一步深入研究。

但是，PCR 诊断方法的缺点在于其成本较高，操作复杂，需要一定的实验室条件。因此，不适于现场推广使用，目前只应用于实验室检测。同时 PCR 检测面临着引物特异性和不断修正的问题。

4. 扩增产物的检测

扩增反应结束后，取 PCR 产物在 1.0% 的琼脂糖凝胶上进行电泳，在凝胶成像系统上观察。当出现预期大小的目的条带时可以初步认为样品为阳性，最好再进行测序，与参考毒株进行比较，避免假阳性结果，可以最终确定 ALV 及其亚群。

5. 其他

（1）实时荧光定量 PCR　实时荧光定量 PCR 既保持了 PCR 技术灵敏、快速、特异的特点，又克服了以往 PCR 技术中存在的假阳性及不能进行准确定量等缺点。王静等[255]和 Wang 等[256]均根据 ALV gag 基因分别设计了一对引物，建立了实时荧光定量 PCR 方法，与普通 PCR 相比，其灵敏度非常高。Zhou 等[258]建立了一种双重实时反转录 PCR 方法，可以检测和定量 ALV-A/B，其灵敏度比普通反转录 PCR 高 100 倍。

（2）PCR 与其他方法的结合　若该方法与其他方法结合，更能提高该方法的有效性。孙涛等[247]建立了实时荧光定量 PCR 方法和 PCR 与高效液相色谱法（denatureing high-performance liquid chromatography，DHPLC）相结合的 PCR-DHPLC 方法，经临床样品检测验证，其结果非常不错。虽然该方法可以达到高通量的检测，但还很难在基层得到推广。

## 二、核酸斑点杂交试验

斑点杂交方法具有快速、灵敏、特异特点，在病毒性疾病的诊断中具有重要作用。周刚[218]等用 RT-PCR 扩增 ALV-A p27 基因部分片段，以纯化的 PCR 产物为模板，利用地高辛进行标记，经过杂交条件的优化，并经临床样品的初步应用，建立了检测 ALV 的斑点杂交方法。其杂交最佳反应条件为：杂交液中探针浓度为 25ng/mL，杂交 8h，封闭液浓度为 1%，Anti-DIG-AP 的浓度为 1∶2 500，显色 1h，获得的背景最低，而且杂交信号最清晰。但该文没有介绍其能否区分外源性 ALV 和内源性 ALV。而崔治中等[219]获得国家发明专利检测鸡致病性外源禽白血病病毒的试剂盒

（ZL201010230292.X）可以检测分离到的病毒是外源性 ALV 还是内源性 ALV，其采用的是特异性核酸探针交叉斑点杂交试验，其基于外源性 ALV 和内源性 ALV 在基因组 3′末端的 U3 独特区片段的同源性的不同。

## 三、基因芯片技术

基因芯片，又叫 DNA 微阵列（DNA Microarray），已广泛应用于生物科学的多个领域，包括基因表达检测、疾病分子诊断、病毒进化研究等，特别是对宿主范围广、血清型多、变异快的病原微生物的检测具有极大的优势。张悦等[251]基于多重 PCR 技术，根据 NCBI 数据库，针对 ALV 的 B、E、J 3 种主要亚群代表毒株的基因，设计 3 条通用引物和 5 条特异性寡核苷酸探针，通过对实验条件的优化，建立了一整套快速、特异、灵敏的用于 ALV 毒株检测和分型的基因芯片检测方法。

## 四、环介导等温扩增技术

环介导等温扩增技术（Loop-Mediated Isothermal Amplification，LAMP）是由日本 Notomi 等在 2000 年开发的一种新颖的恒温核酸扩增方法，其特点是针对靶基因的 6 个区域设计 4 种特异引物和一种具有链置换活性的 DNA 聚合酶（Bst DNA 聚合酶），在恒温条件下高效扩增核酸，具有高特异性、快速灵敏、高效、操作简便等特点[127]。LAMP 的扩增效率非常高，短时间内达到 $10^9$ ~ $10^{10}$，可产生大量的焦磷酸镁而使反应液呈现混浊，在 LAMP 扩增结束后无须电泳就可通过肉眼直接观察反应是否出现混浊现象来判断是否有扩增，这样就可以应用于基层检测和现场检测。由于反应液稍微混浊时肉眼难以观察，可直接加入染料后进行观察。如果有扩增，染料嵌入双链中导致反应液颜色发生改变，可更加直观地判断出反应为阳性；如果无扩增，则保持原有的染料着色不变。LAMP 方法是一种新型的 DNA 环介导等温扩增法，扩增反应是在等温条件下进行，没有核酸的变性过程，因此，不需要特殊的仪器设备，只需要用普通的水浴锅就可以完成整个诊断过程。夏永恒等[122]通过试验证实通过保温瓶也可完成扩增过程。

## 第五节 鉴别诊断

在临床上，根据流行病学、临床症状和病理变化，对于血管瘤、骨石化症等可以与其他禽的肿瘤性疾病区分。当出现淋巴肿瘤时，禽白血病、马立克病和网状内皮组织增生症之间则很难区别，这时就需要借助免疫学或分子生物学的方法进行鉴别诊断。

以前认为，马立克病的发病日龄在前，而禽白血病的发病日龄在后，但现在不能通过这种方法来鉴别这两个病。因为 ALV-J 可以在 4～9 周龄的肉鸡中引起肿瘤和死亡[169]。

### 一、淋巴细胞性白血病及鉴别诊断

在临床病理学诊断中，禽淋巴细胞性白血病、鸡马立克病和禽网状内皮组织增生病是病原清楚的 3 种病毒性肿瘤性传染病，三者各有其发病规律和病理特征，但也有许多相似之处，有时容易混淆，应注意鉴别诊断，必要时还要联系病原学、血清学等方法进行确诊。

1. 禽淋巴细胞性白血病（LL）

LL 是由 ALV 相关病毒侵害法氏囊淋巴滤泡 B 细胞，使其癌变、增生和转移而形成的一种淋巴细胞性肿瘤性疾病。本病的发生和病理学特征有：

原发部位：为法氏囊，病毒的靶细胞是法氏囊淋巴滤泡内的原淋巴细胞（主要是 B 淋巴细胞），由于原淋巴细胞癌变、增生，使受侵淋巴滤泡体积明显增大；14 周龄后法氏囊开始出现结节状病灶，瘤细胞通过血流向肝、脾、肾、肺、性腺、心、骨髓、肠系膜等组织转移并继续增殖，形成许多转移瘤，最易发病的时期为性成熟后的 24～50 周龄，1 月龄后很少再发病。

病理学检查：眼观病变器官除原发组织法氏囊有结节性肿大外，其他器官也均有程度不同的肿大，其中，肝脏肿大最明显，故有“大肝病”之称。

组织学检查：各部位的肿瘤细胞均为处于原始发育阶段的原淋巴细胞。这些细胞形态比较一致。

2. 鸡马立克病（MD）

MD是由疱疹病毒引起的以多形态淋巴细胞性瘤细胞（主要是T淋巴细胞）在多种组织间质增生为主的一种肿瘤性疾病。其发生和病理学特征有：

病原从呼吸道侵入后可被巨噬细胞吞噬，并在脾、法氏囊和胸腺检测到溶细胞性感染，3～6天达到高峰，这3个器官最初的靶细胞均为B细胞，但在6天之后由于细胞介导免疫的作用，大多数潜伏感染细胞由B细胞转变为T细胞，而且后者潜伏感染持久，可在鸡体内终生存在。现已确定，MD的瘤细胞主要是由幼稚型T淋巴细胞（胸腺依赖细胞）演变来的。T淋巴细胞肿瘤化和多中心生长以及造成多种组织器官损害是MD最重要的发病学环节。上述免疫器官起初萎缩，以后逐渐形成肉眼可见的以瘤细胞增生为主的结节状病灶，病灶中的细胞成分非常复杂，它是由肿瘤性、炎性和免疫活性细胞构成的混合物，既有T细胞（主要成分），又有B细胞的多形态淋巴细胞的肿瘤。人工接种1日龄雏鸡，一般3周龄开始出现症状和眼观病变，在自然条件下，16～24周龄性成熟前后的鸡常可发生本病。

症状：多为一肢不对称麻痹、瘫痪或共济失调；脱水、消瘦、昏迷；有的病鸡可见虹膜增厚，形成“灰眼”、瞳孔缩小，甚至失明。

病理学检查：眼观各内脏器官，如脾、肝、肾、心、性腺、肺、胃、肠以及骨骼肌等均可出现不同程度的结节状病变；外周神经（如坐骨神经）肿大；法氏囊有时出现萎缩，有时出现弥漫性肿大。

组织学检查：在法氏囊淋巴滤泡之间和其他各病变组织的间

质，严重时均可见到数量不一、程度不同的多形态淋巴细胞增生灶，包括大、中、小淋巴细胞、原淋巴细胞、马立克病细胞（变性的原淋巴细胞）网状细胞和浆细胞等，以及炎症和免疫反应的变化，各原有组织的实质细胞变性、萎缩或消失，失去原有组织的正常结构形态。肿大的外周神经中也可见到神经纤维间有多少不一的多形态淋巴细胞。中枢神经常可出现非化脓性脑脊髓炎，特别是管套形成等变化。

3. 网状内皮组织增生病（RE）

RE 是由反转录病毒科的禽网状内皮组织增生病病毒（REV）引起的包括急性网状细胞瘤、矮小综合征以及淋巴组织和一些其他组织慢性肿瘤的一组禽类病理综合征。REV 以 B 淋巴细胞、T 淋巴细胞和网状内皮细胞为靶细胞，诱发明显的细胞、体液免疫抑制，严重影响机体免疫系统功能和免疫应答。火鸡和雏鸡最易感染。

在临床病理学上，网状细胞瘤与 LL 和 MD 具有鉴别诊断意义，网状细胞瘤的病程不一，剖检见脾、肝、肾肿大，并有弥散性小点状灰白色病灶；腺胃胃壁增厚，呈灰白色。镜检各部位肿瘤组织内见多形性网状细胞增生灶，这些细胞界限不清，胞浆轻度嗜酸性，边缘常有伪足样突起，胞核较大，不正圆形或锯齿形，淡染，常有明显的核仁，分裂象较多。其中，脾脏病变最明显，脾组织中网状细胞弥散性增生，其固有的淋巴组织多已消失；肝脏中增生的网状细胞开始多在汇管区小血管和小胆管周围形成结节状病灶，然后向窦状隙和肝实质呈浸润性生长，原有组织发生萎缩、坏死。腺胃的固有层和猫膜下层中网状细胞呈结节状或弥散性增生。

## 二、成红细胞性白血病及鉴别诊断

禽成红细胞性白血病、成髓细胞性白血病和髓细胞性白血病均为骨髓细胞肿瘤性传染病，在病理学上都各有其规律和特征，但它们之间也有许多相似之处，故需做好鉴别诊断。

1. 禽成红细胞性白血病

发病：潜伏期最短为 3 天，一般为 21 ~ 110 天或 6 个月以上。靶细胞为骨髓原（始）红细胞（成红细胞）。

血液学检查：贫血，血液稀薄，淡红色，血红蛋白降低，血凝时间延长，外周血涂片血象中的原红细胞数量逐渐增多，有时还出现不同发育阶段的多染性的幼稚红细胞。

病理学：骨髓色彩变淡或呈暗红色，质软，胶冻样或水样。贫血明显的病例肝、脾、肾和免疫器官萎缩；肿瘤性病变典型的病例，肝、脾、肾等器官肿大，呈樱桃红色或暗红色。骨髓组织中可见迅速增多的原红细胞及其细胞集团，同时，脂肪细胞减少。肝脏血窦和小血管中有原红细胞堆积，使窦状隙扩张，肝细胞萎缩、变性、坏死。

2. 成髓细胞性白血病

发病：给 1 日龄敏感雏鸡人工接种病毒，首先侵害骨髓，靶细胞为原（始）粒细胞（成髓细胞）。10 天后即可在血液中发现瘤细胞，并通过血流转移到肝、肾等其他器官而发生本病，有贫血症状。1 月龄左右死亡率最高，以后仅有少数死亡。

血液学检查：外周血液涂片的血象中发现有大量原粒细胞。本病常有继发性贫血，血象中见多染性红细胞和网织红细胞。

病理学检查：骨髓质地较坚实，灰白色。肝脏肿大或有结节状病变或花斑状纹理。骨髓造血区有许多原粒细胞造血灶。肝脏血窦和其他小血管内及其周围有大量原粒细胞，原有组织萎缩或消失。在骨髓涂片中也有较多的与血涂片和骨髓切片中所见一致的原粒细胞。

3. 髓细胞性白血病

发病：病毒感染后潜伏期 3 ~ 20 周或更长，靶细胞为髓细胞（中幼粒细胞）及其前体细胞。

血液学检查：病鸡血象有明显差异，有的鸡感染 ALV-J 某些毒株后开始出现不成熟细胞，主要是胞浆中含有大量圆形嗜伊红颗粒的髓细胞样瘤细胞（即中幼粒细胞）及其前体细胞。个别鸡还有原红细胞、单核系细胞和畸形红细胞。

病理学检查：在多处骨骼表面（特别是骨与软骨连接处）出现瘤性肿块。骨髓红髓区扩大。肝、肾、脾、睾丸（或卵巢）等组织有界限不清的结节状或弥散状肿大。骨髓及其他组织切片中可见大量髓细胞样瘤细胞增生，呈局灶状或弥散状分布，病变组织中的原有成分萎缩或消失。

其他相关肿瘤：其他相关肿瘤病理学特征比较明显，不再表述。

## 第六节　实验室检测用样品的采集

许多材料可以用于检测病毒、抗原或抗体，但要注意采用适当的方法。用于感染性病毒生物学试验的样品，采集后应保存在冰袋中，并尽快保存在 -70℃。群特异性抗原检测的样品，可以采集在试验所用的缓冲液中，于 -20℃贮存待用。酶联免疫吸附试验和补体结合试验的样品，应收集在试验所用的特定缓冲液中，可于 4℃贮存。

### 一、全血、血浆或血清

全血、血浆或血清通常用于病毒的分离，为防止中和抗体的干扰，最好从新鲜的全血或白细胞样品中分离禽白血病病毒。采血时可在灭菌注射器中预先按 10% 装上无防腐剂的抗凝素，如每毫升含 50U 的肝素和 3.5% 柠檬酸盐。用肝素药注意其可干扰除亚型 A 以外的其他禽白血病病毒的复制。病毒分离的血浆或血清样品如果不立即试验，最好在样品中加 10% 的二甲基亚砜使样品逐渐降温冷冻。分离血清用的血液采集，在血液凝固后尽快在低温下运送保存。

## 二、胎粪和泄殖腔或阴道拭子

1 日龄鸡的粪便和较大鸡的泄殖腔或阴道棉拭子可用作病毒的分离或群特异性抗原的检测。通常选择组织培养液（每毫升含 1 000IU的青霉素 G 和硫酸链霉素，100μg 硫酸庆大霉素，5μg 两性霉素 B）保存粪便或棉拭子。采集粪便时，将 1 日龄雏鸡泄殖腔翻开并轻轻挤压腹部，收取少量粪便置于含有 1mL 上述组织培养液的试管中，试验前以 2 000r/min将粪便离心 10min 除去沉渣，上清液用于病毒分离。泄殖腔棉拭子要求将无菌棉拭子在泄殖腔内转动约 5 次，确保擦到泄殖腔薄膜的表面，防止过多的粪便物附着在拭子上。阴道拭子适合于产蛋母鸡，将泄殖腔翻开，直接采取阴道拭子。拭子样品同样保存在含组织培养液的试管中。

## 三、蛋清

蛋清可用于病毒或群特异性抗原的检测。蛋清中群特异性抗原的检测是鉴定产蛋母鸡是否先天性传播禽白血病病毒的一种最敏感和实用的方法。收取蛋清的方法是在鸡蛋的小头端打孔，用灭菌注射器或巴氏吸管抽取少量蛋清样品，用无菌缓冲液稀释 2 ~ 3 倍后于 4℃保存。此蛋清样品中的群特异性抗原活性可保持 2 个月。用于病毒检查时，应在产蛋当天进行蛋清采样以保证蛋清内的病毒活性。在实际检测中，通过检测群特异性抗原来确定调查母鸡是否排毒时，被检的每只母鸡至少采取连续生产的 2 ~ 3 枚蛋的蛋清，同时，还应考虑母鸡间断排毒的情况。

## 四、鸡胚

鸡胚抽提物也可用于病毒或群特异性抗原的检测。将 9 ~ 11 日龄的鸡胚在无菌条件下取出、剪碎，10 倍稀释于 PBS 中后冻融 3 次。离心取上清作病毒的分离或群特异性抗原的检测。

## 五、肿瘤和其他组织

通常情况下，患病鸡只的肿瘤和其他组织应同时做病理学检查和病毒学检测。剖检取样时，首先在无菌条件下采取新鲜肿瘤和其他组织，用于病毒分离或群特异性抗原检测样品，－70℃冻存；然后切取组织块放于10%福尔马林液或其他特殊染色所需固定液中，用于组织病理学检查，以及免疫组化和分子杂交等技术，如需要超微结构观察，可将采集的组织块放入2.5%～4%的戊二醛溶液中备用。某些肿瘤可能含有大量病毒，可用PBS或组织培养液将其制备成10%肿瘤组织悬液，冻融后离心，上清液作为病毒分离的样品。但需注意的是，有些肿瘤可能检测不到病毒。其他组织中，有人认为，新宰杀鸡采集的肝脏和输卵管膨大部、羽髓等组织中含有丰富的禽白血病病毒。

# 第七章　禽白血病的防制

自禽白血病被报道以来，世界各国的禽白血病疫情此起彼伏，给世界养禽业造成了巨大的损失。到目前为止，还没有有效的治疗药物，也没有可以用于预防的疫苗，防制禽白血病难度很大。因此，国内外涉及养禽的相关部门、企业与人员对禽白血病高度重视。在国外，一些大型肉用型种鸡公司已在过去几十年中花巨资对种鸡群的 ALV 感染开展了系统的净化工作，已把 ALV 的感染率降低到了非常低的程度。到 20 世纪的 80 年代，西方一些主要养禽国家已经将经典的外源性 ALV（ALV-A 和 ALV-B）从鸡群中基本消除[130]，1987 年以后世界上一些发达国家的大型种鸡公司就宣布将外源性 ALV 净化了[193]。

国内对禽白血病的研究起步相对较晚，各主要育种公司对该病的防控意识淡薄，并未对种鸡群实施彻底的 ALV 净化，因此，我国鸡群特别是地方品系鸡群中经典 ALV 的感染率可能会较高，由于饲养规模小，危害亦相对较小。但近十几年来，我国的禽白血病疫情越来越严重，我国各大品系鸡种的发展也受到不同程度的威胁。因此，做好禽白血病的防制工作对我国养禽业的意义重大。国际大型养鸡公司在 ALV 净化方面积累了丰富经验，但中国不同类型鸡群如何实施净化，还没有成熟经验。我国有关部门已经着手制定禽白血病的检测技术、净化措施等方面的示范与相关标准[236,237]。

在我国，ALV 的清除或消灭是一项巨大的挑战，是一项极其费力、费时且花费巨大的工作。鸡群中 ALV 的清除可能需要许多年坚持不懈的努力。预防控制 ALV 的最大任务是自繁自养的地方品系鸡原种鸡群 ALV 的净化，同时，应严格监控市场上各种禽用弱毒活疫苗，杜绝疫苗中外源性 ALV 的污染[193]。

## 第一节　平时的防制措施

当一个养鸡场发生禽白血病后，经济损失巨大，许多种鸡场面临赔偿纠纷和种苗的重新选择顾虑，甚至威胁到某些养鸡场的生存。因此，平时做好禽白血病的防制是至关重要的。

到目前为止，禽白血病的预防仍没有可靠的疫苗，防制本病最有效的措施就是减少种鸡群的感染率、建立无禽白血病的种鸡群。所以 ALV 感染的根除依赖于阻断病毒从亲代到子代的垂直传播，并将无 ALV 鸡群进行隔离饲养，通过不断的净化达到纯化种群的目的[129]。这就要求在养鸡的各个环节采取有力的措施。

### 一、净化

对禽白血病的净化，目前在国内外所采取的措施就是切断病毒的传播，净化鸡群，建立无禽白血病的健康鸡群。

通过各种方法（如前所述）检测鸡群中的带毒鸡（包括种鸡、蛋鸡和肉鸡），淘汰带毒鸡，同时做好无害化处理，这样可以控制传染源，防止传播的发生。根据国外的成功经验，净化种鸡群是禽白血病防控的关键。

1. 检测及建立无禽白血病的种鸡群

禽白血病的一个最重要的传播方式是垂直传播，通过检测母鸡，淘汰带毒母鸡，选择阴性母鸡作为后备种鸡，逐步建立无禽白血病的种鸡群。因此，祖代鸡场的 ALV 净化工作是至关重要的。

检测泄殖腔棉拭子及蛋清中 p27 抗原，阳性者全部淘汰。该方法虽然简单易行，能清除大部分排毒鸡，但缺点是不能区分内源性 E 亚群 ALV，容易将感染有内源性 ALV-E，但将外源性 ALV 阴性鸡淘汰，而且，泄殖腔棉拭子及蛋清 p27 抗原检测的灵敏度也不足以检测出所有感染鸡。对核心鸡群全部采血浆接种 DF-1 细胞，9

天后检测 p27 抗原，阳性者全部淘汰。分别在 68 日龄和 168 日龄至少做 2 次采血分离病毒。对保留核心群种鸡的下一代即所有刚出壳鸡，检测胎粪中的 p27，淘汰所有阳性鸡，如此反复。这种方法是原种鸡群禽白血病病毒净化的国际金标准，检测特异性和检出率均很高，但是，投资大，对人力和技术要求比较高。或者分开饲养后，p27 抗原阳性鸡分别取血清或蛋清在 DF-1 细胞上分离外源性 ALV，仅淘汰外源性 ALV 阳性鸡。这种方法能区别内源性和外源性 ALV，仅仅淘汰外源性 ALV 阳性鸡，保留内源性 ALV 阳性鸡[162]。

对选作用于生产的无病毒第二代母鸡必须满足下列条件之一。

① 有免疫，不排毒。选择有抗体的母鸡是根据这样一种假设，即有抗体的母鸡排毒的可能性比无抗体的鸡小；根据每只母鸡至少检验 3 个鸡胚的原则，选择不传递病毒给鸡胚的母鸡所产的蛋进行孵化。

② 无免疫，不排毒。选择无抗体的母鸡是根据这样一种假设，即这些鸡从未被感染，并且比带有抗体的鸡间歇性排毒的可能性小。

③ 不管免疫状态如何，只要无病毒血症。被鉴定出的这些鸡用作后备鸡，然而需要经过 4 代检测鸡群无病毒血症，并且不能排除无病毒血症性感染。有种鸡公司采取这种方法净化鸡场，ALV 的感染率降低，但效果仍不理想。

对于原种鸡群的净化，国际上成功使用的金标准：出壳后取泄殖腔棉拭子检测 p27 抗原，淘汰阳性鸡，其余小群饲养。10 周龄左右，每只鸡采血浆接种 DF-1 细胞，培养 9 ~ 10 天后检测 p27 抗原，淘汰阳性鸡。开产后（24 ~ 25 周龄），每只鸡采血浆接种 DF-1 细胞，培养 9 ~ 10 天后检测 p27 抗原，淘汰阳性鸡。重复 3 ~ 5 年。维持小群饲养。对于商品种鸡群要进行自我检测，检测内容是 AB 及 J 亚群 ALV 抗体以及蛋清中的 p27 抗原，当阳性率高于一定限度后自行淘汰[182]。

在国内，陈瑞爱等[194]结合广东温氏食品集团公司多年来养鸡的系列养殖技术和广东大华农动物保健品股份有限公司的 SPF 鸡场养殖经验制定了禽白血病的生物防控和净化措施，其主要内容包括：种鸡在 8 周龄和 18 ~ 22 周龄时，用阴道拭子采集原料检查抗原，在 22 ~ 24 周龄时，检查是否有病毒血症，同时检测蛋清、雏鸡胎粪中的抗原，阳性种鸡、种蛋和种雏鸡全部淘汰，选择阴性母鸡的受精蛋进行孵化，并在隔离条件下出雏饲养。同时，要求原种鸡场在禽白血病防控方面做到以下几点。

① 从无外源性 ALV 感染的祖代鸡或原种鸡公司选购鸡苗，并抽样检测鸡苗是否带有 ALV，如果有，则不从该祖代鸡或原种鸡公司引种。

② 引种后定期对鸡群进行检测，淘汰所有白血病阳性鸡。

③ 每批疫苗必须抽检，以确定是否被 ALV 污染，绝不使用外源性 ALV 污染的活疫苗。王改利等[239]所设计的种鸡场 ALV 防控程序取得一定的效果，其程序内容主要包括：出雏时，检测雏鸡胎粪 ALV-p27，淘汰阳性雏鸡及父母代种鸡；8 周龄检测鸡群泄殖腔棉拭子 ALV-p27，PCR 方法检测鸡 ALV-p27 和 ALV-J，并在 DF-1 细胞上进行病毒分离，淘汰所有检测结果中的阳性鸡；23 周龄检测鸡群泄殖腔棉拭子 ALV-p27 和血清 ALV-AB、ALV-J 抗体，PCR 方法检测鸡群 ALV- p27 和 ALV-J，并结合病毒分离，淘汰阳性鸡；每次收种蛋入孵前采用 ALV-p27 试剂盒检测父母代种鸡的泄殖腔棉拭子，淘汰阳性父母代种鸡及受精蛋；选择或引进无 ALV 感染的种蛋、种鸡；育雏维持在严格隔离的环境，加强卫生管理，防止再感染。

2. 从母鸡、种蛋、鸡胚和雏鸡四方面入手来净化

因 ALV 或 gs 抗原在母鸡阴道拭子中、在种蛋蛋清中和雏鸡中的出现都有相关性。依据这一原则，Spencer 等建立了禽白血病的根除计划，具体程序包括如下。

① 开产前（20 周龄），检测公母鸡直肠拭子中的 gs 抗原，淘汰阳性鸡。

② 22 周龄时，检测公鸡直肠拭子和母鸡阴道拭子中的 gs 抗

原，淘汰阳性鸡。

③ 选择阴道拭子检测为阴性的母鸡所产的种蛋（一般 2 枚以上），进行蛋清 gs 抗原检测，淘汰阳性种蛋和母鸡。

④ 将检测为阴性的种蛋进行孵化，检测每个母鸡所孵出的第一个雏鸡胎粪中的 gs 抗原，淘汰阳性母鸡及其所有的后代。将检测为阴性的雏鸡分成小群（25～50 只）隔离饲养在带铁丝网的笼内，避免人工泄殖腔雌雄鉴别。最后将以上检测结果都为阴性的母鸡和雏鸡隔离饲养，定为无禽白血病的健康鸡群。

3. 羽-卵法净化禽白血病

该方法分两个阶段（开产前和开产后）进行。

开产前，用羽琼法检测鸡羽髓中的 gs 抗原。具体方法是每只受检鸡拔取几根含髓羽毛，将其含髓部分剪成数段后放于青霉素小瓶中，添加少量的生理盐水，用玻璃棒研碎，3 次冻融后，用琼脂扩散试验进行检测。北京市某种禽公司采用哈尔滨兽医研究所建立的羽琼法和国外的 ELISA 方法相结合，对本公司的种鸡场蛋鸡进行净化。经过两个世代的净化后，蛋鸡禽白血病的死亡率由净化前的 15%～20% 下降到净化后的 1.77%；gs 抗原的阳性率由净化前的 26% 下降到净化后的 4.4%。

开产后，采用卵琼法检测。因开产前只进行 1～2 次羽琼法检疫不能达到净化目的，且在开产后拔鸡毛易引起应激，所以需在开产后换一种检测样品。Spencer 等报道，在感染母鸡的蛋清中存在着高浓度的 ALV gs 抗原。Spencer 等通过电镜观察发现病毒在母鸡输卵管蛋清分泌腺中活跃的病毒出芽，在管腔中存在着大量的病毒粒子。而且由于蛋清样品易采集和处理，是开产后检测禽白血病的理想材料。龙呈祥等和于连富等采用卵琼法检测种蛋（2 枚以上）蛋清中的 gs 抗原，淘汰阳性母鸡和其所产的种蛋，使鸡群的禽白血病得到进一步净化。

4. 注意事项

（1）要逐级净化　应对祖代鸡场和父母代种鸡场加强监控，逐级净化。

（2）注意保留抗体阳性鸡　先天感染的鸡胚在饲养过程中感染类型比较复杂，因此，在净化程序中，应严格选种，注意保留抗体持续阳性，而没有病毒血症和泄殖腔 p27 抗原阴性的种鸡[145]。孙贝贝等[121]的试验中，虽然有 1 只鸡曾短暂地同时呈现病毒血症和抗体反应（V + Ab +），但所有已呈现持续稳定抗体反应的鸡，都不再呈现病毒血症和排毒。

（3）多种检测方法相结合　每一种检测方法都有其局限性。因此，在剔除阳性鸡时必须结合多种方法，同时检测血液、泄殖腔，以排除假阴性[128]。采集无菌抗凝血、分离血浆接种 DF-1 细胞后，用 ELISA 方法检测是否为 ALV 阳性，这种方法被认为是净化外源性 ALV 的标准[241]。

（4）要多次检测　对于同一只鸡来讲，第一次检测时为阴性，第二次检测时可能为阳性。因此，要多次检测才有可能全部检测出。

（5）坚持出雏时的检测　王改利等[239]通过对鸡群的跟踪研究，发现 ALV 呈间歇性排毒，在 6 ~ 8 周龄和开产时呈现排毒高峰，认为出雏时的垂直传播与鸡群 ALV 的水平传播密切相关，因此，出雏时的胎粪检测很重要，淘汰阳性雏鸡及其父母代种鸡，对 ALV 的进化起到事半功倍的作用，出雏时检测及净化，能降低育雏时期水平传播，推迟后一个排毒高峰的到来，使鸡群处于无免疫抑制状态，更有利于抵抗疫病，避免其他传染病的发生。

（6）贵在坚持　从鸡群中清除 ALV 的工作是极其费力、费时且花费巨大的，同时，还必须付出许多年坚持不懈的努力，才有可能取得成功。

（7）难度大　我国的各种规模的种鸡场（蛋鸡、肉鸡和地方品种鸡的种鸡场）数量众多，水平参差不齐。要想在全国范围内完全净化禽白血病，困难很大。但也有实现的可能，比如由政府发布强制措施，完成白血病净化的种鸡场才能取得生产经营资格。如果要在一个地区内完成禽白血病的净化，这是有可能的。这同样需要政府来推动（如按照无规定动物疫病区的方式进行），才有可能完成。

（8）要有适合自己的净化方案　国内的净化方案大多借鉴于国外的经验，而国外的经验是国外的 ALV 毒株在国外品系鸡的实验基础上获得的。不同品系鸡对 ALV 的反应性存在一定的差异。因此，国内的净化方案一定要建立在某具体品系鸡对国内的 ALV 毒株的反应性的基础上，这样才能获得较好的净化效果。

## 二、保持种鸡群对 ALV 的高度洁净状态

为了保持种鸡群对禽白血病高度洁净的状态，需要认真做好如下几方面工作。

① 从无外源性 ALV 感染的祖代鸡或原种鸡公司选购鸡苗。引种之前，应详细考察祖代场鸡群白血病带毒状况，禁止从有此病史的祖代场引种；对引进的品种进行白血病病原的监测，确实保障在供种之前净化鸡群。

② 一个鸡场只饲养同一品系和同一日龄的种鸡；横向感染都是由近距离引起，同一鸡场内是无法隔离的。

③ 严格选用没有外源性 ALV 污染的活疫苗，并定期检测血清抗体状态。

④ 同一孵化厅只用于同一个种鸡场来源的种蛋，以预防孵化厅内可能的早期感染。雏鸡对 ALV 最易感，垂直感染的雏鸡出壳后就可排毒。孵化厅内鸡运输箱内高度密集，同一箱内有一只感染雏鸡，在运输期间可使同箱内 20% ~30% 的鸡接触感染。

⑤ 预防潜在的昆虫传播。

⑥ 加强定期特异性抗体检测。

⑦ 免疫或采血样时，及时更换针头，避免 ALV 通过污染的针头进行传播。

## 三、药物预防

到目前为止，还没有市售的用于预防禽白血病的药物。

## 四、疫苗

1. ALV 的疫苗

世界各国科研工作者正在努力地研制防治禽白血病的疫苗。但到目前为止，在全世界范围内，还没有研制出针对 ALV 的有效疫苗。以前，人们将希望寄托在 ALV 的表面蛋白（SU）上，但由于其抗原性的不断变动，以 SU 蛋白为基础研制的疫苗及相关药物很难达到理想效果。这是国内外针对禽白血病无有效防治措施的最主要原因之一[214]。

业界也曾尝试过禽白血病灭活病毒疫苗的研制。但 Burmeter 的研究证明，在灭活病毒的同时，几乎全部破坏其诱导抗体的能力，且灭活病毒疫苗不适于野外应用。培育不诱发疾病的弱毒株的尝试已经失败。用病毒或细胞抗原免疫，以提高宿主对 RSV 抵抗力的研究已取得了一些成功，可用类似的方法来研究 LL 的免疫。Rispens 等（1976）研究证明，用 ALV 强毒免疫 8 周龄禽只可防止其垂直感染。石敏[201]认为，即使研制出抗 ALV-J 的动物疫苗，单靠一种基因型或抗原型疫苗，很难有效预防不同野毒株。

在 ALV-J 的研究中，人们发现日龄较大的某种品系的鸡人工感染 ALV-J 某种毒株后，大多数鸡呈现稳定的抗体反应，而不排毒，也没有病毒血症[121]。那么，ALV 某种亚群的特定毒株对特定品系的种鸡进行接种，是否可以防止种鸡发生某种亚群禽白血病以及保护后代雏鸡呢，这种推测的正确性还有待进行深入研究。

Hunt 等[61]研究证明，ALV-J env 基因编码的病毒囊膜糖蛋白在 ALV-J 病毒的感染及抗感染中具有重要作用。叶建强等[70]分析认为，可能的抗病毒机理：一是由于 env 基因表达产物与细胞表面相应受体结合后，封闭了细胞表面病毒感染受体，从而阻止了病毒的感染；其二也可能是由于 env 基因表达产物和病毒感染所需细胞受体在细胞内共同表达、加工、修饰的时候在细胞内就发生了结合，最终导致细胞表面根本不表达或者不存在 ALV-J 感染所需的细胞受体，在这种情况下，ALV-J 也无法通过正常途径感染细胞。

2. 防止 ALV 污染其他疫苗

对商品代鸡群来说，要特别注意 1 周龄内使用的活疫苗，如马立克疫苗和禽痘疫苗。Mohamed M. A. 等[221]通过 RT-PCR 方法检测埃及市售马立克疫苗中的 ALV，结果来自 2 个厂家的疫苗中，存在着 ALV-A、ALV-E 和 ALV-J 的污染。当弱毒疫苗中有外源性 ALV 污染时，鸡群发生禽白血病的机会就大大增加，若不发病或不形成肿瘤，则可能成为危险的隐性带毒的传染源。有人认为，弱毒疫苗中外源性 ALV 污染可能是地方品系中白血病传播的一个现实原因之一[181]。应当吸取美国马立克疫苗 ALV-A 污染事件的沉痛教训。因此，强化弱毒疫苗中 ALV 污染的检测和监控工作是非常重要的。最重要的是使用合格的 SPF 鸡胚来生产禽类活疫苗，这是控制禽白血病传播的有效途径之一。

我国生产的疫苗也有可能被 ALV 污染。检测疫苗中的 ALV 污染，一定要区分内源性和外源性 ALV。由于 ALV 的横向传播能力很弱，除非有严重的垂直传播，一般鸡群对外源性 ALV 抗体的阳性率很少会高于 30%，因此，如果鸡群中对 ALV-AB 抗体或 ALV-J 抗体的阳性率高于 30% 时，就要怀疑在过去用过的弱毒活疫苗中是否有哪种疫苗有 ALV 污染。虽然在使用被外源性 ALV 污染的疫苗后，鸡群不一定会发生肿瘤，但有可能是给下一代造成垂直感染的来源。因此，有必要对种鸡群作定期的血清学检测。

3. 合理免疫其他疫病疫苗

因马立克氏病（MD）、网状内皮组织增生病（RE）、传染性法氏囊病（IBD）、呼肠孤病毒（REO）、传染性贫血病和球虫病等因素可引起机体免疫抑制，降低对 ALV 的抵抗力，所以，要按免疫程序切实做好这些疾病的免疫接种，提高其整体免疫能力。一定要选择质量可靠、免疫效果好的疫苗，并严格按说明书的要求使用和保存。特别注意法氏囊在禽白血病的发生过程中起着重要的作用，应避免 1 日龄雏鸡的免疫负荷过重和对 MD 免疫的影响，不提倡在 1 日龄接种 MD 疫苗的同时，再接种其他疫苗，应在 2 ~ 8 周龄接种法氏囊弱毒疫苗。另外，因网状内皮细胞增生病病毒（REV）可诱发肿瘤，所以，要保证使用无 REV 的疫苗。

## 五、抗病遗传育种

抗病遗传育种也是控制禽白血病的重要措施。1958 年，Waters 等发现白血病病毒在某些宿主中存在遗传性基因抗性。1961 年，证实宿主对 Rous 肉瘤病毒的抗性是一个单一常染色体隐性基因介导的。随后，Crittenden、Okazaki 和 Payne 揭示，宿主范围（如细胞对禽白血病/肉瘤病毒感染的抗性等）在细胞培养物、鸡胚等中是由同一个基因控制的。而不同的病毒亚群对应不同的基因。1965 年，Crittenden 和 Okazaki 发现鸡抗 Rous 肉瘤病毒基因对成红细胞性白血病病毒、淋巴细胞性白血病病毒也有抗性。

编码针对外源性白血病/肉瘤病毒感染的细胞易感性和抵抗力的等位基因的频率在不同的商品鸡品系间大小相同。在一些品系中，可以自然地发现抵抗性等位基因的频率很高。在另一些品系中，抵抗性等位基因的频率可通过人工选择而增加。在以前，重点放在了针对占优势的 A 亚群病毒的抵抗力上，有时也可考虑 B 亚群病毒。随着肉鸡 ALV-J 亚群感染的出现，开发对 ALV-J 有抗性的品系也在被重视。

当细胞表面特异性受体被病毒产生的 env 蛋白封闭后，相应病毒就不能再次感染此类细胞，表现出强力的超感染抗性，且这种超感染抗性不依赖于完整的病毒粒子，而仅依赖于囊膜糖蛋白及相应细胞受体间的识别与结合，因此，可以利用 ALV-J env 基因及 ALV-J 宿主细胞，建立一个稳定表达 ALV-J env 基因的细胞系，以用于疫苗的开发和转基因抗病鸡的培育[70]。

鸡对 ALV 感染的遗传抗性由细胞表面是否存在 ALV 受体所决定，而与 ALV 受体结合的决定簇由 ALV 囊膜基因 SU 区的 hr1 和 hr2 编码区所决定的[19,20,84]。

## 六、做好生物安全措施

1. 做好消毒工作

雏鸡对 ALV 最易感，垂直感染的雏鸡出壳后就可排毒。孵化厅运输箱内鸡高度密集，同一箱内有一只感染雏鸡在运输期间可使同箱内 20% ~30% 的接触鸡感染。因此，每批鸡出壳后，对育雏、孵化器、出雏器、育雏室和所有设备进行彻底清扫、清洗和清毒，有助于减少刚出壳的小鸡接触感染病毒。免疫注射和化验采血可能是造成 ALV 经血液传播的最危险的途径，应加强对注射用器械的消毒，建议每只鸡使用一枚针头，避免交叉水平传播。还应经常或定期地对鸡舍、鸡笼和所有用具进行严格消毒。另外，对销售部、解剖室、养鸡户和饲料厂等场所进行严格的消毒，以减少禽白血病横向传播。

2. 做好环境安全工作

鸡场需保持完善的隔离制度、卫生制度及生物安全制度，采取全进全出的饲养程序。严格控制车辆及人员出入鸡场，出入的车辆和人员要进行消毒。彻底消灭鼠类、蚊蝇和野鸟，不提倡在鸡场饲养猫、狗、鸭、鹅等其他动物，确保鸡场清洁和安静。对任何原因引起的死鸡、鸡场的鸡粪要进行无害化处理，切断传染源。

3. 做好引种工作

生产实践证明，只要从 ALV-J 净化的种鸡场引进商品代雏鸡，再配合相应的鸡舍清洁、消毒、隔离措施，就能有效预防商品代蛋鸡的 ALV-J 引发的肿瘤/血管瘤[226]。

## 七、加强营养，减少应激

饲料中维生素缺乏和机体内分泌失调等因素可促进禽白血病的发生。因此，制定合适的生长指标和营养水平以保证一致的生长速度和免疫系统的充分发育。使用高品质的种鸡饲料特别要防止饲料霉变和霉菌毒素中毒，以防止其损害机体免疫器官的功能。为确保鸡的免疫系统的正常发育，应适当提高饲料中粗蛋白的含量，在

1～25 日龄，粗蛋白含量应达 20%，在 29～154 日龄，粗蛋白应保持在 15% 左右。

应激是造成免疫抑制和抵抗力下降的重要原因，应避免粗鲁地断喙和采血，7 日龄时断喙比刚出壳时应激小。给予充足的饮水和饲料。在应激期（断喙、转群、饲料转换和免疫接种）要通过饮水投服优质的氨基酸、维生素和电解质，提高机体对应激的抵抗力。提倡公母鸡分群饲养至交配或母鸡转群到成鸡舍为止，至少在 4～6 周龄以前分群饲养，来减少应激和病毒的水平传染。此外，还应注意饲养密度和饲养空间，适当配备公鸡与母鸡的比例。

## 第二节　发病时的防制措施

到目前为止，对 ALV 感染的发病鸡未发现有效的治疗措施。当发生 ALV 感染疫情时，应做好如下工作。

### 一、立即上报

当鸡群发生禽白血病时，要立即向上级畜牧兽医主管部门报告疫情。在上级指派处理人员到来之前，要采取简单措施，防止疫情扩散；同时，禁止乱扔病死禽只，更不能出售和食用病死禽只；对发病鸡群不得随意销售。

### 二、做好隔离、封锁

按照中国动物传染病防治法的要求做好鸡群的隔离和鸡场的封锁措施。

### 三、搞好环境卫生

发现病鸡及时进行无害化处理，按时清理粪便。及时消毒，鸡舍及其用具在进鸡前彻底清洗消毒。

## 四、加强饲养管理

实践证明，如果鸡场过去曾经发生过 ALV-J 感染，就要彻底清洁鸡场环境，每个鸡场都要做到“全进全出”，并保留有充足的空舍时间，一般 3 周以上。一批鸡下架后，严格净场净舍；对鸡舍内彻底冲刷、熏蒸消毒，经微生物检测合格后，方可从 ALV-J 感染阴性的种鸡场进鸡。在这个过程中，场区要彻底清除垃圾、杂物、杂草、鸡粪、鸡毛等一切可能的污染物，达到彻底净场。

## 五、治疗

### 1. 中药治疗

有人尝试用中药方剂治疗禽白血病。刘再池等[213]曾对性成熟时期的患淋巴性白血病的病鸡群用自拟补益方剂进行了探索性治疗试验，疗效明显，但尚存在许多不足。其采用的中草药方组：黄芪、猪苓、薏苡仁、当归、淫羊藿、麦冬、丹参、郁金、茵陈、木香、艾叶、瓜蒌，按一定比例配制，全药粉碎过 20 目筛，密封保存备用。其服药方法：每羽鸡日服 1.5g，拌料；对减食鸡，将一定量的药粉用水拌湿直接投服；连喂 7 ~ 10 天为一个疗程。环境卫生措施：隔日，对鸡舍用百毒杀喷雾消毒，对食槽、水槽用百毒杀洗刷消毒。结果：服药 2 个疗程后，鸡群基本恢复正常，但仍有鸡出现周期性水样稀便，却不影响精神和食欲，认为临床治愈。为提高产蛋率，重用补中益气类药，产蛋率可维持在较高水平。方解：该方剂以黄芪为君药，补中益气，兼以活血化瘀、疏肝理气为治则；补益类药还具有舒肝利胆、活血化瘀的作用，对减少淋巴性白血病的发病数量、消除临床症状、缩短病程和促进产蛋率的恢复方面都有明显的作用；黄芪甘温，补气升阳，益卫固表（有试验证明，黄芪对病毒虽无直接灭活作用，但能显著激活淋巴细胞转化率，促进诱生干扰素，加速抗体的生成，提高特异性免疫功能）；猪苓、薏苡仁健脾益胃，渗湿利水（能通过对机体免疫机能的影响而促进抗肿瘤作用的发挥）；当归、麦冬补血养阴（能提高白细胞指数，改善体液免疫功能，调节核酸代谢）；淫羊藿又具有促进淋巴细胞转化率、增强单核巨噬细胞吞噬功能；茵陈、艾叶、郁金、丹参、木香舒肝解郁、除湿热、退黄疸，兼能活血化瘀；瓜蒌也有抗肿瘤的作用。但用中药防治禽白血病的研究还未见报道。因此，用中药来预防或治疗禽白血病还需要大量的试验研究。

有些制剂如蟾酥制剂可以抑制马立克病毒引起的肿瘤[215]，是否将其借鉴到禽白血病的防治研究中，还有待进一步探索。雷用东等[275]通过试验研究认为，黑豆皮花色苷（anthocyanins from black soybean seed coat，ABSC）在安全浓度范围内，能抑制 ALV-A 的增殖，且抑制程度呈剂量关系。

2. 基因治疗

RNA 干扰（RNA interference，RNAi）技术是一种新的生物技术，在基因治疗领域发挥着重要作用。李娇等[248]针对 ALV-J 的 LTR 和 env 基因设计了几对 siRNA 并构建了重组质粒，转染 DF-1 细胞 6h 后感染 ALV-J，通过 real time PCR 技术检测了 ALV-J 的 mRNA 表达水平，结果表明，设计的几对 siRNA 对 ALV-J 的复制均有一定的抑制作用。Chen 等[249]利用逆转录病毒载体介导的靶向 B 亚群的 env 基因及其受体 tvb 基因的 siRNA 成功抑制 ALV-J 病毒的复制。Meng 等[250]构建靶向串联靶位点的 miRNA 真核表达重组质粒显示在细胞水平有干扰 ALV-J 复制的作用。

# 第八章　禽白血病的混合感染

禽白血病病毒与其他病原的混合感染是禽白血病发生过程中的一个比较显著的特点，使发病情况更加复杂，使疾病的诊断和防治变得更加困难。研究表明，禽白血病病毒与网状内皮组织增生症病毒、马立克病病毒和鸡传染性贫血病毒的混合感染率可分别达到13.6%、24.5%和22.8%[268]。

## 第一节　混合感染的危害与防治

### 一、危害

1. 导致病毒的变异

在规模饲养的鸡群的群体疫病流行时，要考虑由一种或两种病毒感染造成的个体和群体的免疫抑制状态，这种状态可能导致亚临床感染病毒演化为强致病性病毒[172]。

2. 增强病毒的毒力

在野外和实验条件下都发现马立克病病毒（MDV）疫苗株可增加淋巴性白血病的发生率，其原因可能是MDV产物可反式激活ALV的LTR[173]。

3. 使得禽病诊断难度加大

混合感染后使得疾病情况更加复杂，在诊断时，既像这个病，又像那个病，使得诊断难度加大，并容易造成误诊或漏诊。

4. 病原纯化难度变大

ALV与其他病毒或亚群的ALV存在混合感染时，分离某个病原或纯化某个病原就变得很困难，需要花费大量的人力和物力才可能获得纯的病毒。

5. 增加禽群的病死率

ALV 感染会引起鸡只的免疫抑制，再有混合感染病原的存在，使得禽群的病死率比以往单病原感染时高许多。若得不到及时控制，则禽群的疫情会出现此起彼伏，连续不断。

### 二、防治

采取严格的生物安全措施防控禽白血病的发生是预防禽白血病与其他病原发生混合感染的关键。因此，其防治措施可参考禽白血病的防治措施。

## 第二节　禽白血病的双重感染

### 一、与细菌性病原的双重感染

可与禽白血病发生混合感染的细菌性病原有：大肠杆菌[131]、葡萄球菌[257]等。

1. ALV 与大肠杆菌的混合感染

赵秀宇等[131]报道了一例 ALV 与大肠杆菌的混合感染，剖检时可见明显的肿瘤病灶；有的器官表面有乳白色或淡黄色结节型肿瘤；扁桃体呈弥漫性充血，淋巴结肿大，脾脏表面可见白色坏死灶；肺部瘀血，呈暗红色，切面灰红；肝脏肿大，呈暗红色，表面有针尖样和灰白坏死灶，切面较脆；肾脏表面呈灰白色，坏死；肠壁上有珍珠样肿物，切面呈灰白色，肠黏膜充血、增厚，肠系膜表面有结节；胃角质层呈绿色；卵巢水肿、充血或出血，伴有肿物。

2. ALV 与葡萄球菌的混合感染

王彦红等[257]报道了一例 ALV-J 继发葡萄球菌感染的病例，送检鸡的翅下、翅尖、背部等多处有大小不一的皮肤充血、坏死等现象，这些部位的羽毛易脱落，去除患部羽毛后，可见皮肤呈红紫色，皮下有较多胶冻样渗出，胸肌肌肉出血；剖检可见肾脏黄并严重坏死，肝、脾及心等主要组织器官无明显病变。

## 二、与病毒性病原的双重感染

除了 ALV 各亚群之间可以发生混合感染，还可与禽白血病发生混合感染的病毒性病原有：鸡传染性贫血病毒（Chicken Infectious Anaemia Virus，CIAV）、网状内皮组织增生症病毒（Reticuloendotheliosis virus，REV）、马立克病病毒（Marek's disease virus，MDV）、禽流感病毒（avian influenza virus，AIV）等病毒。

1. ALV-A 与 ALV-J 的混合感染

刘绍琼等[120]从生长迟缓并发生颈部肉瘤的36日龄的817肉杂鸡中分离到 ALV-A 和 ALV-J，剖检经动物回归试验的鸡，看到皮肤与肉瘤粘连，不易剥离，有无数大小不等胶冻样物组成的大肿瘤块，大部分鸡的肝、脾、肾等脏器正常无肿瘤，但胸腺、法氏囊萎缩，50 天观察期内，817 肉杂鸡的肉瘤发生率达 89.5%（17/19），而 SPF 鸡的肉瘤发生率为 24.5%（11/45），表明肉瘤的产生对不同品系鸡的嗜性不同。岳筠等[137]和 Fenton 等[138]都曾发现，ALV-A 和 ALV-J 发生混合感染的病例。赵成棣等[230]发现，在地方品种 HR 土鸡群中存在 ALV-A 和 ALV-J 的共感染，且在同一只鸡体内可发生 ALV-A 和 ALV-J 的共感染。

2. ALV-B 与 ALV-J 的混合感染

刘功振等[183]从 160 日龄海兰白商品蛋鸡病鸡群中分离到 ALV-B 和 ALV-J，并证实了 ALV-B 和 ALV-J 在同一只鸡体内的混合感染；剖检观察，大部分病鸡的肝脏和脾脏弥散性肿大，表面散在灰白色花斑，胸腺出血，胰腺坏死点明显。

3. ALV-A 与 ALV-B 的混合感染

2003 年，Spencer[184]从商品蛋鸡群中同时检测到 ALV-A 和 ALV-B。窦新红等[274]从地方特色蛋鸡配套系母本鸡群中检测到 ALV-A 和 ALV-B 的存在。

4. ALV 与 CIAV 的混合感染

ALV 与 CIAV 发生混合感染后，能显著抑制肉鸡生长及其免疫功能。这种混合感染影响了鸡体正常的免疫应答，增加了对其他病原的易感性，使鸡群新城疫（ND）血凝抑制（HI）抗体效价明显降低，细菌感染阳性率升高，使鸡群死淘率增高[122]。罗青平等[7]在对 2009 年湖北省 ALV-J 的调查时发现，ALV-J 与 CIAV 的混合感染阳性率达 10.4%。张超等[244]通过 PCR 诊断出临床上 130 日龄海兰白蛋鸡的 CIAV 与 ALV 的混合感染病例。

5. ALV 与 REV 的混合感染

ALV-J 与 REV 的混合感染在临床上比较多见。2004 年，张志[135]等从感染 ALV-J 的肿瘤中检出 REV。2006 年，成子强等[185]在蛋鸡中发现 ALV-J 与 REV 的自然混合感染。罗青平等[7]在对 2009 年湖北省 ALV-J 的调查时发现，ALV-J 与 REV 的混合感染阳性率达 2.8%。陈瑞爱等[194]在对广东省 ALV-J 调查时发现，矮 D 和麻鸡可发生 ALV-J 和 REV 的共感染。刘玉洁等[132]通过试验发现，ALV-J 与 REV 发生混合感染时，雏鸡胸腺细胞的凋亡现象非常严重，从而导致胸腺萎缩；但在大多数正在凋亡的细胞内没有发现病毒颗粒，推断胸腺细胞的凋亡可能是病毒激活了宿主细胞凋亡基因所致；同时，发现细胞凋亡发生在肿瘤出现之前，表明免疫抑制在先，发生肿瘤在后。

6. ALV 与 MDV 的混合感染

邓烨等[179]曾在清远麻鸡种鸡群中观察到 ALV-J 与 MDV 的二重混合感染病例 1 例。龚新勇[187]等从蛋鸡中检测到 ALV-J 和 MDV 的混合感染。

7. ALV 与禽流感病毒（AIV）的混合感染

王林山等[273]曾在 180 日龄左右的蛋鸡中发现 2 例 ALV-J 与 H9N2 亚型禽流感病毒发生的混合感染。

## 三、与寄生虫性病原的双重感染

刘功振等[284]曾观察到一例麻鸡发生 ALV-J 与组织滴虫的混合感染。

## 第三节 禽白血病的多重感染

目前，鸡群中由于不同的免疫抑制病毒多重感染诱发的免疫抑制性疾病越来越常见，由此造成的经济损失日趋严重。崔治中等[267]研究表明，多种免疫抑制病毒共同感染，可以协同作用，增强病毒对鸡体免疫系统的破坏作用，引起更严重的免疫抑制。免疫抑制性病毒不仅会使鸡群对其他病毒或细菌继发性感染的敏感性增加，而且会造成对各种疫苗的免疫应答下降，甚至引起免疫失败[133,134]，如禽流感、新城疫等。我国鸡群中存在着 ALV 与其他病原特别是免疫抑制性病原的混合感染现象，并且越来越严重。

邓烨等[179]曾在清远麻鸡种鸡群中观察到 2 例 ALV-J 与 CIAV 和 REV 的三重混合感染病例。刘再池等[213]曾观察到一例性成熟鸡群发生马立克氏病、禽白血病和细菌性病原的混合感染。王自然等[240]对某 AA 肉种鸡场和商品鸡场检测后发现，CIAV、ALV 与大肠杆菌等细菌性疾病发生共感染。

秦立廷等[268]对来自国内不同地区的临床病料检测后，观察到 3 例 ALV-J + REV + MDV + CAV 的四重混合感染，同时，也观察到 5 例 ALV-J + REV + MDV、10 例 ALV-J + REV + CAV 和 17 例 ALV-J + CAV + MDV 的三重混合感染，也观察到 8 例 ALV-J + REV、21 例 ALV-J + MDV、13 例 ALV-J + CAV 的二重混合感染。

# 参考文献


[1] 吴艳，刘萌，曹红等. AB 亚群禽白血病病毒 gp85 蛋白的克隆表达及其单克隆抗体的制备［A］. 中国畜牧兽医学会禽病学分会第十五次学术研讨会论文集［C］. 中国畜牧兽医学会，2010，114～115.

[2] 辛朝安. 禽病学（第 3 版）［M］. 北京：中国农业出版社，2003，113～118.

[3] 李红梅，尚辉琴，谢青梅等. J 亚型禽白血病肿瘤发生发展相关的 miRNA 及 mRNA 的鉴定和功能分析［A］. 中国畜牧兽医学会禽病学分会第十五次学术研讨会论文集［C］. 中国畜牧兽医学会，2010，115～116.

[4] 王彦军，孙淼，王宏钧等. 禽白血病病毒自然感染及抗体变化动态规律［J］. 中国兽医杂志，2010，46（7）：17～19.

[5] 高玉龙，邵华斌，罗青平等. 2009 年我国部分地区禽白血病分子流行病学调查［J］. 中国预防兽医学报，2010，32（1）：32～36.

[6] Payne L N，Brown S R，Bumstead N，et al. A novel subgroup of exogenous avian leukosis virus in chickens［J］. Journal of General Virology，1991，72（4）：801～807.

[7] 罗青平，张蓉蓉，邵璐璐等. 2009 年湖北省鸡 J 亚群白血病的初步调查分析［J］. 中国家禽，2010，32（16）：63～65.

[8] Payne L N. Developments in avian leucosis research［J］. Leukemia，1992，6（3）：150～152.

[9] 成子强，张利，刘思当等. 中国麻鸡中发现禽 J 亚群白血病［J］. 微生物学报，2005，45（4）：584～587.

[10] 孟祥凯，刘青，王海伦等. 商品蛋鸡成髓细胞瘤、血管瘤型 J 亚群白血病病毒特性的研究［J］. 畜牧兽医学报，2008，39（11）：1 544～1 547.

[11] 柴家前，王贵强，孙淑红等. J 亚群禽白血病病毒分子流行病学研究进展［J］. 山东畜牧兽医，2009，30（1）：40～42.

[12] 杨玉莹. J 亚群禽白血病病毒研究进展［J］. 中国病毒学，2003，18

(1): 93 ~ 97.

[13] 杜岩，崔治中，秦爱建等. 鸡的J亚群白血病病毒的分离及部分序列比较 [J]. 病毒学报，2000，16 (4): 341 ~ 346.

[14] Hanafusa T, Hanafusa H. Isolation of leucosis-type virus from pheasant embryo cells: Possible presence of viral genes in cells [J]. Virology, 1973, 51 (1): 247 ~ 251.

[15] Fujita D J, Chen Y C, Friis R R, et al. RNA tumor viruses of pheasants: Characterization of avian leucosis subgroup F and G [J]. Virology, 1974, 60 (2): 558 ~ 571.

[16] Troesch C D and Vogt P K. An endogenous virus from lophortyx quail is the prototype for envelope subgroup J of avian retroviruses [J]. Virology, 143 (2): 592 ~ 602.

[17] Benson S J, Ruis B L, Fadly A M, et al. The unique envelope gene of the subgroup J avian leukosis virus derives from ev/J proviruses, a novel family of avian endogenous viruses [J]. J Virol. 1998, 72 (11): 10 157 ~ 10 164.

[18] Payne L N, Howes K, Gillespie A M, et al. Host ranges of rous sarcoma virus pseudotype RSV (HPRS-103) in avian species: support for a new avian retrovirus envelope subgroup, designated J [J]. J Gen Virol, 1992, 73 (11): 2 995 ~ 2 997.

[19] 殷震，刘景华. 动物病毒学（第2版）[M]. 北京：科学出版社，1997，870 ~ 885.

[20] 卡尔尼克 B W. 高福，刘文军译. 禽病学（第9版）[M]. 北京：北京农业大学出版社，1991，334 ~ 381.

[21] 郭慧君，李中明，李宏梅等. 3种ELISA试剂盒检测不同亚型外源性鸡白血病病毒的比较 [J]. 畜牧兽医学报，2010，41 (3): 310 ~ 314.

[22] Boyce-Jacino M T, O' Donoghue K, Faras A J. Multiple complex families of endogenous retroviruses are highly conserved in the genus Gallus [J]. J Virol, 1992, 66 (8): 4 917 ~ 4 929.

[23] Dunwiddie C T, Rensnick R, Boyce-Jacino M T, et al. Molecular cloning and characterization of gag-, pol2 ~, and env- related gene sequences in the ev- chicken [J]. J Virol, 1986, 59 (3): 667 ~ 675.

[24] Nikiforow M A, Gudkov A V. ARTCH: a VL 30 in chicken ? [J]. J Virol, 1994, 68 (2): 856 ~ 853.

[25] Stumph W E, Hodgson C P, Tsai M J, et al. Genomic structure and possible retroviral origin of the chicken CR1 repetitive DNA sequence family [J]. Proc Natl Acad Sci USA, 1984, 81 (21): 6 667 ~ 6 671.

[26] 郭艳，付朝阳，宋素泉等. J 亚群禽白血病 ELISA 抗体检测方法的建立 [J]. 中国预防兽医学报，2003，25 (6)：490 ~ 493.

[27] 宋素泉，付朝阳，高宏雷等. J 亚群禽白血病 JL-2 株 gp85 基因的克隆与表达 [J]. 中国预防兽医学报，2005，27 (5)：356 ~ 359.

[28] 郭桂杰，孙淑红，崔治中. J 亚群禽白血病病毒蛋鸡分离株 SD07LK1 全基因组核苷酸序列的比较分析 [J]. 微生物学报，2009，49 (3)：400 ~ 404.

[29] Payne L N, Gillespie A M, Howes K. Myeloid leukaemogenicity and transmission of the HPRS-103 strain of avian leukosis virus [J]. Leukemia, 1992, 6 (11): 1 167 ~ 1 176.

[30] Williams S M, Reed W M, Fadly A M. Influence of age of exposure on the response of line 0 and line 63 chickens to infection with subgroup J avian leukosis virus. In: Proc. International Symposium on ALV-J and other avian retroviruses, Rauischholzhausen, Germany, 2000, 57 ~ 76.

[31] Gingrich E, Porter R E, Lupiani B, et al. Diagnosis of myeloid leucosis induced by a recombinant avian leucosis virus in commercial white leghorn egg laying flocks [J]. Avian Disease, 2002, 46 (3): 745 ~ 748.

[32] 成子强，郝永清，赵振华等. 应用 ELISA 方法调查禽骨髓细胞瘤病 [J]. 中国家禽，2002，24 (6)：7 ~ 10.

[33] 张丹俊，潘孝成，赵瑞宏等. 黄羽肉种鸡 J 亚群白血病病例诊断初报 [J]. 中国畜牧兽医，2008，35 (2)：117 ~ 120.

[34] 傅先强. 家禽业面临的主要挑战——禽骨髓性白血病 [J]. 中国禽业导刊，1999，16 (4)：44 ~ 45.

[35] Vnugapol K. Avian leukosis virus subgroup J: A rapidly evolving group of oncogenic retrovirus [J]. Res Vet Sci, 1999, 67 (2): 113 ~ 119.

[36] 王玲，遇欣. J 亚群禽白血病研究进展 [J]. 山东畜牧兽医，2006，5：38 ~ 49.

[37] 杨玉莹，叶建强，赵振华等. 禽白血病病毒 J 亚群内蒙株的分离与鉴定 [J]. 中国病毒学，2003，18 (5)：454 ~ 458.

[38] 王海荣，崔治中，张志. 从一病例谈对肉仔鸡 J 亚群白血病的认识

[J]. 中国家禽，2001，23（13）：21.

[39] 秦红丽，韩英，初秀. 鸡成骨髓细胞性白血病的研究概述 [J]. 畜禽业，1999，6：12 ~ 13.

[40] 李晓奇，王凤武，银永峰. 内源性 ALV- J 病毒及 gp85 基因的分子生物学研究进展 [J]. 畜牧与饲料科学，2007，6：47 ~ 50.

[41] Saif Y M. Diseases of Poultry [M]. 12th Edition. Blackwell Publishing, 2008, 514 ~ 568.

[42] 秦爱建，崔治中，Lucy Lee 等. 禽白血病病毒 J 亚群 env 基因的克隆和序列分析 [J]. 中国病毒学，2001，16（1）：68 ~ 73.

[43] Bai J, Howes K, Payne L N, et al. Sequence of host- range determinants in the env gene of a full-lengh, infectious proviral clone of exogenous avian leukosis HPRS-103 confirm that it represents a new subgroup (designed J) [J]. J Gen Virol, 1995, 76 (1): 181 ~ 187.

[44] 孔义波，张兴晓，姜世金等. SPF 鸡胚中内源性白血病病毒全基因序列鉴定与分析 [J]. 病毒学报，2008，24（1）：53 ~ 58.

[45] 韩静，陈晨，曹红等. 禽白血病病毒 p27 基因在原核细胞的表达及生物学特性的初步分析 [J]. 病毒学报，2005，21（4）：293 ~ 297.

[46] 刘永松，潘玲. J 亚群禽白血病的研究进展 [J]. 家禽科学，2005（3）：43 ~ 45.

[47] Brown D W, Blais B P, Robinson H L. Long terminal repeat (LTR) sequences, env, and a region near the 5′LTR influence the pathogenic potential of recombinants between Rous-associated virus types 0 and 1 [J]. J Virol, 1988, 62 (9): 3 431 ~ 3 437.

[48] Silva R F, Fadly A M, Hunt H D. Hypervariability in the envelope gene of subgroup J avian leucosis virus obtained from different farms in the United States [J]. Virology, 2000, 272 (1): 106 ~ 111.

[49] 贺锋，赵玉军. J 亚型禽白血病病毒分子生物学特点和诊断方法研究进展 [J]. 畜牧兽医杂志，2007，26（6）：35 ~ 37.

[50] Bai J, Payne L N, Skinner M A, et al. HPRS-103 (exogenous avian leucosis virus, subgroup J) has an env gene related to those of endogenous elements EAV-0 and E51 and E element found previously only in sarcoma virus [J]. Virology, 1995, 69 (2): 777 ~ 784.

[51] Smith L M, Toye K, Howes N, et al. Novel endogenous retroviral sequences

in the chicken genome closely relatewd to HPRS-103 (subgroup J) avian leukosis virus [J]. J Gen Virol, 1999, 80 (1): 261 ~ 268.

[52] 秦爱建，刘岳龙，金文杰. 禽白血病病毒 J 亚群 env 基因产物的抗原性分析 [J]. 微生物学报，2002，42 (1)：97 ~ 104.

[53] Venugopal K, Smith L M, Howes K, et al. Antigenic variants of subgroup J avian leukosis virus: sequence analysis reveals multiple changes in the env gene [J]. J Gen Virol, 1998, 79 (4): 757 ~ 766.

[54] 刘公平，赵振芬，刘福安. PCR/RFLP 鉴别禽白血病病毒 [J]. 中国兽医学报，2001，21 (3)：243 ~ 245.

[55] 崔治中. 一种新的鸡白血病病毒 [J]. 动物科学与动物医学，1999，16 (2)：1 ~ 2.

[56] 杨玉莹，秦爱建，赵振华等. J 亚群禽白血病病毒膜表面糖蛋白基因 gp85 的克隆与表达 [J]. 中国兽医科技，2003，33 (7)：3 ~ 6.

[57] 付朝阳，宋素泉，高宏雷等. J 亚群禽白血病 Hrb-1 分离株 env 基因克隆及 gp85 杆状病毒表达载体的构建 [J]. 中国预防兽医学报，2004，26 (2)：81 ~ 85.

[58] Silva R F. Fadly A M. Hunt H D. Hypervariability in the envelope gene of subgroup J avian leukosis virus obtained from different farms in the United States strains [J]. Avian Dis. 2003, 47 (4): 1 321 ~ 1 330.

[59] 杨玉莹，秦爱建，顾玉芳等. 鸡内源性类 J 亚群禽白血病病毒 gp85 基因的克隆及分析 [J]. 病毒学报，2005，21 (1)：54 ~ 59.

[60] Benson S J, Ruis B L, Garbers A L, et al. Independent isolates of the emerging subgroup J avian leukosis virus derive from a common ancestor [J]. J Virol, 1998, 72 (2): 10 301 ~ 10 304.

[61] Hunt H D, Lee L F, Foster D, et al. A genetically engineered cell line resistant to subgroup J avian leukosis virus infection [J]. Virology, 1999, 264 (1): 205 ~ 210.

[62] 王增福，崔治中，张志等. 我国 1999 ~ 2003 年间 ALV-J 野毒株 gp85 基因变异趋势 [J]. 中国病毒学，2005，20 (4)：393 ~ 398.

[63] 王增福，崔治中. 在抗体免疫选择压作用下鸡 J 亚群白血病病毒 gp85 基因的变异 [J]. 中国科学 (C 辑. 生命科学)，2006，36 (1)：9 ~ 16.

[64] 王辉，崔治中. 蛋鸡 J 亚群白血病病毒的分离鉴定及序列分析 [J]. 病毒学报，2008，24：367 ~ 375.

[65] 张志，赵宏坤，崔治中．J亚群禽白血病病毒 gp37 基因的克隆和序列分析［J］. 中国预防兽医学报，2003，25（1）：36～39.

[66] Lupiani B，Pandiri A R，Mays J，et al. Molecular and biological characterization of a naturally occurriong recombinant subgroup B avian leukosis virus with a subgroup J-like long terminal repeat［J］. Avian Dis，2006，50（4）：572～578.

[67] 陈晨，曹红，陈福勇．抗禽白血病 p27 抗原单克隆抗体的制备与鉴定［J］. 中国预防兽医学报，2005，27（4）：287～289.

[68] 韩静，陈晨，曹红等. 禽白血病病毒 p27 基因在原核细胞的表达及生物学特性的初步分析［J］. 病毒学报，2005，21（4）：293～297.

[69] 吴红专，刘福安．鸡的一种新发现的肿瘤性疾病-成髓细胞性白血病［J］. 养禽与禽病防治，1998，（9）6～8.

[70] 叶建强，秦爱建，邵红霞等．抗J亚群禽白血病病毒的鸡胚成纤维细胞系建立［J］. 病毒学报，2005，21（6）：456～460.

[71] 秦爱建．禽白血病病毒J亚群囊膜蛋白的分子生物学和生物化学特性［D］. 扬州大学，1999.

[72] Rong L，Edinger A，Bates B. Role of basic residues in the subgroup-determining region of the subgroup A avain sarcoma and leukosis virus Envelope in receptor binding and infection［J］. J Virol，1997，71（5）：3 458～3 465.

[73] Fadly A M，Smith E J. Isolation and some characteristics of a subgroup J-like avian leukosis virus associated with myeloid leukosis in meattype chicken in the United States［J］. Avi Dis，1999，43（3）：391～400.

[74] Venugapol K. Avian leukosis virus subgroup J：A rapidly evolving group of oneogenic retovimse［J］. Res Vet Sci，1999，67（2）：113～119.

[75] 付朝阳，宋素泉，高宏雷等. J亚群禽白血病病毒 Hrb-1 和 JL-2 株囊膜基因的克隆及遗传分析［J］. 中国兽医科技，2003，33（11）：3～8.

[76] Arshad S S，Smith L M，Howes K，et al. Tropism of subgroup J avian leukosis virus as detected by in situ hybridization［J］. Avian Pathology，1999，28（2）：163～169.

[77] Gharaibeh S，Brown T，Stedman N. Immunohistochemical localization of avian leucosis virus subgroup J in tissues f rom naturally infected chickens［J］. Avian Disease，2001，45（4）：992～998.

[78] Louis Van der Heide 著，高云摘译，李华校．J亚型禽白血病研究进展

[J]. 国外畜牧科技，1999，26（5）：44～45.

[79] 陈溥言. 兽医传染病学［M]. 北京：中国农业出版社，2007.

[80] 李增光译，阿里·Y·法得里（美国）. 对禽逆转录病毒特别是J亚群白血病病毒感染的回顾［J]. 山东家禽，2002，6：45～47.

[81] Matthias Voss，苗得园，韦平. 禽淋巴白血病病毒感染诊断中的可能性和限制［J]. 广西畜牧兽医，2009，25（2）：81～82.

[82] Dr kong and Son chiu. 周剑峰译. 禽白血病病毒J亚群［J]. 山东家禽，1999，5：32～33.

[83] 刘公平，赵振芬，刘福安. 禽白血病病毒研究进展［J]. 中国兽医学报，2000，20（6）：621～623.

[84] John. A. T. Young. 李华摘译，李富强校. 禽白血病病毒-受体作用［J]. 国外畜牧科技，1999，26（4）：43～44.

[85] Mothes W，Boerger A L，Narayan S，et al. Retroviral entry medialed by receptor priming and low pH triggoring of an envelope glycoprotein [J]. Cell，2000，103（4）：677～689.

[86] Coffin J M，Hughes S H，Varmus H E. Retroviral pathogenesis [A]. In：Retroviruses [M]. Cold Spring Harbor Laboratory Press，1997.

[87] Panganiban A T，Temin H M. Circle with two tanden LTRs are precursors to intergrated retrovirus DNA [J]. Cell，1984，36（3）：673～679.

[88] 郑葆芬. 白血病病毒、艾滋病病毒、癌基因［M]. 上海：上海医科大学出版社，1996.

[89] Stew art L，Vogt V M. Reverse transcriptase and protease activities of avian leukosis virus Gag-Pol fusion protein expressed in insect cell [J]. J V irol，1993，67（12）：7 582～7 596.

[90] Payne L N，AM Gillespie，KHowes. Recovery of acutely transforming viruses from myeloid leukosis induced by the HPRS-103 strain of avian leukosis virus [J]. Avian Diseases，1993，37（2）：438～450.

[91] 成子强，赵振华，张利等. J亚群白血病的病理学观察及PCR诊断［J]. 中国预防兽医学报，2003，25（6）：490～493.

[92] Gharaibeh S，Brown T，Villegas P，et al. Myelocytoma in a 24 ~ day-old commercial broiler [DB/OL]. Http：// www. Vetuga. edu / ivcvm / 1999.

[93] 杜岩，崔治中. J亚群禽白血病病毒中国分离株的人工致病性试验［J]. 中国农业科学，2002，35（4）：430～433.

[94] Payne L N. HPRS-103：a retrovirus strikes back. The emergence of subgroup J avian leukosis virus [J]. Avian Pathol，1998，27 (S1)：S36 ~ S45.

[95] 祝丽，张玲娟，孙磊．禽白血病病毒与免疫抑制 [J]. 中国动物检疫，2009，26 (4)：71 ~ 72.

[96] Russell P H，A hmad K，Howes K，et al. Some chickens which are viramic with subgroup J avian leukosis virus have antibody-forming celling but no circulating antibody [J]. Res Vet Sci，1997，63 (1)：81 ~ 83.

[97] Landman W J M，Nieuwenhuisen-ven Wilgen J L，Koch G，et al. Avian leukosis virus subtype J in ovo-infected specific pathogen free broilers harbour the virus in their feathers and show feather abnormalities [J]. Avian Pathol，2001，30 (6)：675 ~ 684.

[98] Arshad S S，Bland A P，Hacker S M，et al. A low incidence of histiocytic sarcomatosis associated with infection of chickens with the HPRS-103 strain of subgroup J avian leukosis virus [J]. Avian Dis，1997，41 (4)：947 ~ 956

[99] 顾玉芳，赵振华，杨玉莹. J 亚群禽白血病骨髓组织与外周血病理学研究 [J]. 动物医学进展 2005，26 (3)：105 ~ 108.

[100] 成子强，刘思当，张利等．禽白血病病毒 J 亚群（ALV-J）基因表达与抗原定位的研究 [J]. 畜牧兽医学报，2004，35 (3)：324 ~ 328.

[101] Brown D W，Ro bioson H L. Influence of env and Long Terminal Repeat Sequences on the Tissue Tropism of Avian Leukosis viruses [J]. J Virol，1988，62 (12)：4 828 ~ 4 831.

[102] 顾玉芳，赵振华，杨玉莹等. IMC10200 株 ALV-J 实验诱发骨髓性白血病的研究 [J]. 中国预防兽医学报，2004，26 (4)：278 ~ 281.

[103] Maejima TM，Cho S Oneda，et al. Outbreak of myelocytomatosis in a layer breeding flock in Tochigi prefecture [J]. Jpn Vet Med Assoc，1998，41 (12)：887 ~ 892.

[104] Peter M Chesters，Lorraine P Smith，Venugopal Nair. E (XSR) element contributes to the oncogenicity of Avian leukosis virus (subgroup J) [J]. Journal of General Virology，2006，87 (9)：2 685 ~ 2 692.

[105] 徐镔蕊，董卫星，何召庆等．突变型抑癌基因 p53 在蛋鸡 J 亚群禽白血病中的表达 [J]. 农业生物技术学报，2003，11 (3)：276 ~ 279.

[106] Fairfull R W，Garwood V A，Spencer J L，et al. The effects of geographical area，rearing method，caging density and lymphoid leucosis infection on a-

dult performance in egg stocks of chicken [J]. Poultry Science, 1983, 62 (12): 2 360 ~ 2 370.

[107] 王建新，崔治中，张纪元等. J 亚群禽白血病病毒与禽网状内皮增生症病毒共感染对肉鸡生长和免疫功能的抑制作用 [J]. 中国兽医学报，2003，23 (3): 211 ~ 213.

[108] Stedman N L, Brown T P. Body weight suppression in broilers naturally infected with avian leukosis virus subgroup J [J]. Avian Dis, 1999, 43 (3): 604 ~ 610.

[109] 刘思当，商营利，赵德明. 鸡 J 亚群白血病病毒与网状内皮增殖病病毒混合感染发病机理的研究 [J]. 山东农业大学学报（自然科学版），2005，36 (2): 225 ~ 231.

[110] 孙晴，秦四海. 肉鸡感染 REV 和 ALV-J 后生长抑制在血清指标上的体现 [J]. 黑龙江畜牧兽医，2007，11: 75 ~ 78.

[111] 徐镔蕊，董卫星，冯小宇等. 采用 SP 法检测商品蛋鸡感染 J 亚群禽白血病病毒对产蛋性能的影响 [J]. 中国家禽，2003，25 (6): 10 ~ 12.

[112] 商营利，刘思当，丁宝君等. 鸡感染 J 亚群禽白血病病毒的免疫抑制机理 [J]. 中国兽医学报，2005，25 (6): 573 ~ 577.

[113] 孟珊珊，崔治中，孙淑红. REV 和 ALV-J 共感染鸡病毒血症及抗体反应的相互影响 [J]. 中国兽医学报，2006，26 (4): 363 ~ 366.

[114] 罗青平，张蓉蓉，温国元等. 2009 年湖北省禽白血病的流行特点 [J]. 中国家禽，2010，32 (7): 47 ~ 48.

[115] 李先桥，史开志，罗明星等. A、J 亚群禽白血病病毒感染肉用种鸡的诊断 [J]. 贵州畜牧兽医，2009，33 (4): 4 ~ 6.

[116] 张小桃，辛欢欢，张贺楠等. A 亚群禽白血病病毒 GD08 株的分离与全基因组序列测定 [J]. 中国兽医学报，2010，30 (10): 1 291 ~ 1 295, 1 300.

[117] 乔彦华，王永强，庞平等. A 亚群禽白血病病毒 QC6281 株的分离与 gp85 基因序列分析 [J]. 中国兽医杂志，2008，44 ( 12): 7 ~ 12.

[118] 赵振华，顾玉芳，王风龙等. 禽骨髓细胞瘤病的病理学初报 [J]. 动物医学进展，1999，20 (3): 85 ~ 86.

[119] 张志，崔治中，赵宏坤. 我国 2000 ~ 2001 年 J 亚群禽白血病病毒分离株 gp85 基因的序列比较 [J]. 中国兽医学报，2003，23 (1): 25 ~ 27.

[120] 刘绍琼，王波，张振杰等. 817 肉杂鸡肉瘤组织分离出 A、J 亚型禽白

血病病毒［J］. 畜牧兽医学报，2011，42（3）：396～401.

［121］孙贝贝，崔治中，张青婵等. ALV-J 人工感染鸡病毒血症和抗体反应动态［J］. 中国农业科学，2009，42（11）：4 067～4 076.

［122］夏永恒，杨兵，张杰等. 2 种鸡免疫抑制性疾病 LAMP 检测方法的建立［J］. 中国动物检疫，2009，26（5）：27～32.

［123］Witter R L，Fadly A M. Reduction of horizontaltransmission of avian leukosis virus subgroup J in broiler breeder chickens hatched and reared in small groups［J］. Avian Pathology，2001，30（6）：641～654.

［124］秦爱建，崔治中，Lee L，Aly F. 抗 J 亚群禽白血病病毒囊膜糖蛋白特异性单克隆抗体的研制及其特性［J］. 畜牧兽医学报，2001，32（6），556～562.

［125］Maas H J，de Boer G F，Groenendal J E. Age related resistance to avian leucosis virus Ⅲ. Infectious virus，neutralizing antibody，and tumours in chickens inoculated at various ages［J］. Avian Pathology，1982，11（2）：307～327.

［126］Burstein H，Gilead M，Bendheim U，et al. Viral aetiology of hemangiosarcoma outbreaks among layer hens［J］. Avian Pathol，1984，13（4）：715～726.

［127］Yasuyoshi M，Tsugunori N. Loop-mediated isothermal amplification（LAMP）：a rapid，accurate，and cost-effective diagnostic method for infectious diseases［J］. Journal of Infection and Chemotherapy，2009，15（2）：62～69.

［128］Malkinson M，Banet-Noach C，Davidson I，et al. Comparison of serological and virological findings from subgroup J avian leukosis virus-infected neoplastic and non-neoplastic flocks in Israel［J］. Avian Pathology，2004，33（3）：281～287.

［129］张小桃，赖汉漳，曹伟胜. 禽白血病病毒检测方法研究进展［J］. 养禽与禽病防治，2009，4：4～6.

［130］杜岩，崔治中. J 亚群禽白血病病毒中国分离株 SD9902 株 env gp85 基因的克隆及表达［J］. 中国兽医学报，2002，22（1）：3～6.

［131］赵秀宇，齐欣，孙斌等. 1 例鸡大肠杆菌病和白血病混合感染的病理观察［J］. 黑龙江畜牧兽医，2009，11：94.

［132］刘玉洁，常维山，杨宪勇等. ALV-J 和 REV 诱导雏鸡胸腺细胞凋亡

[J]. 中国兽医学报，2007，27（1）：51～53.

[133] 崔治中．我国鸡群中免疫抑制性病毒多重感染的诊断和对策［J]. 动物科学与动物医学，2001，18（4）：17～20.

[134] 刘秀梵．免疫抑制性病毒感染及其对禽病控制的影响［J]. 中国家禽，1998，20（4）：1～3.

[135] 张志，崔治中，姜世金. 从J亚群禽白血病肿瘤中检测出禽网状内皮组织增生症病毒［J]. 中国兽医学报，2004，24（1）：10～13.

[136] 崔治中，金文杰，刘岳龙等．传染性法氏囊病病料中 MDV、CAV、REV 的共感染检测［J]. 中国兽医学报，2001，21（1）：6～9.

[137] 岳筠，罗明星，史开志等. 贵州省禽白血病病毒J亚群感染的血清学检测与 PCR 鉴定［J]. 中国兽医科学，2009，39（6）：516～521.

[138] Fenton S P，Reddy M R，Bagust T J. Single and concurrent avian leucosis virus infections with avian leucosis virus-J and avian leucosis virus A in Australian meat-type chickens [J]. Avian Pathol，2005，34（1）：48～54.

[139] Burmester B R，Purchase H G. The history of avian medicine in the United States. V. Insights into avian tumor virus research [J]. Avian Dis，1979，23（1）：1～29.

[140] Payne L N. The pathogenesis of lymphoid leukosis. Differential Diagnosis of Avian Lymphoid Leukosis and Marek's disease [M]. E. & E. Plumridge Ltd.，Linton，Cambridge，England，1976，55～65.

[141] Dougherty R M. A historical review of avian retrovirus research：Avian Leukosis [M]. Developments in Veterinary Virology，1987，4：1～27.

[142] Nakamura K，Ogiso M，Tsukamoto K，et al. Lesions of bone and bone marrow in myeloid leukosis occurring naturally in adult broiler breeders [J]. Avian Dis，2000，44（1）：215～221.

[143] Sun S，Cui Z. Epidemiological and pathological studies of subgroup J avian leukosis virus infections in Chinese local "yellow" chickens [J]. Avian Pathol，2007，36（3）：221～226.

[144] 崔治中．鸡白血病及其鉴别诊断和预防控制［A]. 鸡淋巴白血病防控技术研讨会论文集，2010.

[145] 张青婵. A亚群禽白血病病毒不同分离株的基因组和生物学特性比较［D]. 山东泰安，山东农业大学博士学位论文，2010.

[146] De Boer GF，Maas H J L，Van Vloten J，et al. Horizontal transmission of

lymphoid leukosis virus. Influence of age, maternal antibodies and degree of contact exposure [J]. Avian Technology, 1981, 10 (3): 343 ~358.

[147] Smith E J, Salter D W, Suva R F, et al. Selective shedding and congenital transmission of endogenous avian leukosis viruses [J]. J Virol, 1986, 60 (3): 1 050 ~1 054.

[148] Smith E J and Crittenden L B. Genetic cellular resistance to subgroup E avian leukosis virus in slow-feathering dams reduces congenital transmission of an endogenous retrovirus encoded at locus ev21 [J]. Poult Sci, 1988, 67 (12): 1 668 ~1 673.

[149] Rovigatti U G, Astrin S M. Avian endogenous viral genes: Retroviruses 1 [M]. Curr Top Microbiol Immunol, 1983, 103: 1 ~21.

[150] Sarma P S, Turner H C, Huebner R J. An avian leukosis group-specific complement-fixation reaction. Application for the detection and assay of non-cytopathogenic leukosis viruses [J]. Virol, 1964, 23 (3): 313 ~321.

[151] Rispens B H, Long P A, Okazaki W, et al. The NP activation test for assay of avian leukosis/sarcoma viruses [J]. Avian Dixenxex, 1970, 14 (4): 738 ~751.

[152] Vogt P K, Sarma P S, Huebner R J. Presence of avian tumor virus group-specific antigen in nonproducing Rous sarcoma cells of the chicken. Virol, 1965, 27 (2): 233 ~236.

[153] Qin A J, Lee L F, Fadly A M. Development and characterization of monoclonal antibodies to subgroup J avian leukosis [J]. Avian Dis, 2001, 45 (4): 938 ~945.

[154] Fadly A, Silva R, Hunt H, et al. Isolation and characterization of an adventitious avian leukosis virus isolated from commercial Marek's disease vaccines [J]. Avian Dis, 2006, 50 (3): 380 ~385.

[155] Astrin S M. Endogenous viral genes of the White Leghorn chicken: common site of residence and sites associated with specific phenotypes of viral gene expression [J]. Proc Natl Acad Sci U S A, 1978, 75 (12): 5 941 ~5 945.

[156] Sabour M P, Chambers J R, Grunder A A, et al. Endogenous viral gene distribution in populations of meat-type chickens [J]. Poult Sci, 1992. 71 (8): 1 257 ~1 270.

[157] Coffin J, Weiss R, Teich N, et al. Structure of the retroviral genome [M].

RNA tumor viruses. Molecular Biology of Tumor Viruses (2nd ED), 1982, 261 ~ 368.

[158] Felder M P, Laugier D, Yatsula B, et al. Functional and biological properties of an avian variant long terminal repeat containing multiple A to G conversion in the U3 sequence [J]. J Virol, 1994, 68 (8): 4 757 ~ 4 767.

[159] Lupiani B, Williams S M, Silva R F, et al. Pathogenicity of two recombinant avian leukosis viruses [J]. Avian Dis, 2003, 47 (2): 425 ~ 432.

[160] Lupiani B, Hunt H, Silva R, et al. Identification and characterization of recombinant subgroup J avian leukosis viruses (ALV) expressing subgroup A ALV envelope [J]. Virol, 2000, 276 (1): 37 ~ 43.

[161] Caroline D, Denis S, Gaelle P, et al. Interference between avian endogenous ev/J 4.1 and exogenous ALV-J retroviral envelope [J]. J Gen Virol, 2003, 84 (12): 3 233 ~ 3 238.

[162] Spencer J L, Gilka F, Gavora J S, et al. Distribution of group specific antigen of lymphoid leukosis virus in tissues from laying hens [J]. Avian Dis, 1984, 28 (2): 358 ~ 373.

[163] 赵冬敏. B 亚群禽白血病病毒分离株的生物学特性 [D]. 山东泰安，山东农业大学博士学位论文，2010.

[164] Hanafusa T, Hanafusa H, Metroka C E, et al. Pheasant virus: New class of ribodeoxyvirus [J]. Proc Natl Acad Sci, 1976, 73 (4): 1 333 ~ 1 337.

[165] Himly M, Foster D N, Bottoli I, et al. The DF-1 chicken fibroblast cell line: transformation induced by diverse oncogenes and cell death resulting from infection by avian leukosis viruses [J]. Virol, 1998, 248 (2): 295 ~ 304.

[166] Witter R L, Bacon L D, Hunt H D, et al. Avian leukosis virus subgroup J infection profiles in broiler breeder chickens: association with virus transmission to progeny. Avian Dis, 2000, 44 (4): 913 ~ 931.

[167] 钱琨，杭柏林，沈海玉等. Detection of subgroup J avian leukosis virus by PCR from whole blood without DNA extraction [A]. 中国畜牧兽医学会 2010 学术年会论文集 [C]. 中国畜牧兽医学会，北京，2010, 1 157 ~ 1 165.

[168] 吴彤，李永明，穆艳等. ELISA 检测禽白血病病毒 gs 抗原的研究 [J]. 贵州农学院学报，1993, 12 (2): 26 ~ 31.

[169] 崔治中 . J-型鸡白血病病毒：肿瘤发病年龄不能再作为鉴别诊断依据 [J]. 中国家禽，1997，11：23.

[170] Pandiri AR，Ginino IM，Reed WM，et al. 陈征文译，陈小玲、刘月焕校. J-亚群禽白血病病毒诱发的组织细胞型肉瘤仅发生于患持续性病毒血症而非免疫耐受的肉型鸡 [A]. 鸡淋巴白血病防控技术研讨会论文集 [C]，2010，297 ~302.

[171] J-亚群禽白血病防治技术规范 [A]. 鸡淋巴白血病防控技术研讨会论文集 [C]，2010，267 ~270.

[172] 张纪元. J 亚群白血病病毒 NX0101 株感染性克隆化病毒的构建及其生物学特性 [D]. 山东泰安，山东农业大学硕士学位论文，2005.

[173] Fadly A M，Witter R L. Effeets of age at infection with serotype 2 Marek's disease virus on enhancement of avian leukosis virus-indueed lymphomas [J]. Avian Pathol，1993，22 (3)：565 ~576.

[174] 赵振华 . 禽白血病 [M]. 北京：中国农业出版社，2006.

[175] 成子强，赵振华，张利等. J 亚群白血病病理学观察及抗原定位 [J]. 动物医学进展，2005，26 (2)：83 ~86.

[176] International Committee on Taxonomy of Viruses (ICTV) Virus Taxonomy：2012.

[177] Payne L N，Nair V. The long view：40 years of avian leukosis research [J]. Avian Pathology，2012，41 (1)：11 ~19.

[178] Wei Pan，Yulong Gao，Litin Qin，et al. Genetic diversity and phylogenetic analysis of glycoprotein GP85 of ALV-J isolates from Mainland China between 1999 and 2010：Coexistence of two extremely different subgroups in layers [J]. Vet. Microbiol，2012，156 (1—2)：205 ~212.

[179] 邓桦，武云飞，卢玉葵等. 淋巴细胞性 J 亚群禽白血病病理学观察 [J]. 畜牧兽医学报，2011，42 (12)：1 795 ~1 799.

[180] 董宣，刘娟，赵鹏等. J 亚群禽白血病病毒 NX0101 株的 $TCID_{50}$ 与 p27 抗原之间的相关性研究 [J]. 病毒学报，2011，27 (6)：521 ~525.

[181] 武专昌，朱美真，边晓明等. 二株 B 亚群禽白血病病毒全基因组序列及其在细胞上的复制性比较 [J]. 病毒学报，2011，27 (5)：447 ~455.

[182] 崔治中. 种鸡场的疫病净化 [J]. 中国家禽，2010，32 (17)：5 ~6.

[183] 刘功振，张洪海，刘青等. 感染 J 亚群禽白血病病毒的蛋鸡群中检测出 B 亚群禽白血病病毒 [J]. 病毒学报，2009，25 (6)：445 ~451.

[184] Lloyd Spencer J, Bernhard Benke, Maria Chan, et al. Evidence for virus closely related to avian myeloblastosis - associated virus type 1 in a commercial stock of chickens [J]. Avian Pathol, 2003, 32 (4): 383 ~ 390.

[185] 成子强，张玲娟，刘杰等. 蛋鸡中发现J亚群白血病与网状内皮增生症自然混合感染 [J]. 中国兽医学报，2006，26 (6): 586 ~ 590.

[186] Robert F Silva, Aly M. Fadly, Scott P Taylor, et al. Development of a polymerase chain reaction to differentiate avian leukosis virus ( ALV ) subgroups: detection of an ALV contaminant in dommercial Marek's disease vaccines [J]. Avian Dis, 2007, 51 (3): 663 ~ 667.

[187] 龚新勇，陈红，李永明等. 蛋鸡J亚群禽白血病与马立克氏病混合感染的诊断 [J]. 中国家禽，2007，29 (15): 50 ~ 51.

[188] 张书维，王金和. 台湾土鸡家禽白血病之病毒分离、序列分析 [A]. 第三届海峡两岸禽病防控研讨会论文集，台湾：屏东，2010，43 ~ 57.

[189] Wang C H, Juan Y W. Occurrence of subgroup J avian leukosis virus in Taiwan [J]. Avian Pathol, 2002, 31 (5): 435 ~ 439.

[190] Motta J V, Crittenden L B, Purchase H G, et al. Low oncogenic potentiao of avian endogenous RNA tumor virus infection or expression [J]. J Natl Cancer Inst, 1975, 55 (3): 685 ~ 689.

[191] Payne L N. Epizootiology of avian leukosis virus infections [M]. Developments in veterinary virology, 1987, 4: 47 ~ 75.

[192] 阮意雯. 台湾地区家禽白血病病毒之分离与鉴定 [D]. 中国台北：国立台湾大学兽医学研究所硕士论文，2000.

[193] 崔治中. 不同类型鸡群中白血病流行现况及其预防控制 [A]. 第三届海峡两岸禽病防控研讨会论文集，台湾：屏东，2010，67 ~ 76.

[194] 陈瑞爱，徐家华，唐秀英等. 禽白血病的生物学特性、流行情况和防控的研究 [A]. 第三届海峡两岸禽病防控研讨会论文集，台湾：屏东，2010，77 ~ 88.

[195] Qiu Yu, Qian KDn, Shen Haiyu, et al. Development and validation of an indirect enzyme-linked immunosorbent assay for the detection of Aviun leukosis virus antibodies based on a recombinant capsid protein [J]. Journal of Veterinary Diagnostic Investigation, 2011, 23 (5): 991 ~ 993.

[196] 辛朝安，曹伟胜，罗开健等. 鸡血管瘤型白血病诊断初报 [J]. 养禽与禽病防治，2006，(11): 2.

[197] 吴晓平，秦爱建，钱琨等．致蛋鸡血管瘤 J 亚群禽白血病病毒 cDNA 全序列分析［J］. 微生物学报，2010，9：1 264 ~ 1 272.

[198] Isfort R J, Jones D, Kost R, et al. Retrovirus insertion into herpesvirus in vitro and in vivo [J]. Proc Natl Acad Sci USA, 1992, 89 (3): 991 ~ 995.

[199] Isfort R J, Qian Z, Jones D, et al. Integration of multiple chicken retroviruses into multiple chicken herpesviruses: herpesviral gD as a common target of integration [J]. Virology, 1994, 203 (1): 125 ~ 133.

[200] Kost R, Jones D, Isfort R J, et al. Retrovirus insertion into herpesvirus: characterization of a Marek's disease virus harboring a solo LTR [J]. Virology, 1993, 192 (1): 161 ~ 169.

[201] 石敏. 血管瘤型 J 亚群禽白血病病毒全基因组核酸序列分析及 gp85 基因的原核表达［D］. 四川：雅安，四川农业大学硕士学位论文，2011.

[202] Mulliken J B, Glowacki J. Hemangiomas and vascular malformations in infants and children: a classification based on endothelial characteristics [J]. Plast Reconstr Surg, 1982, 69 (3): 412 ~ 422.

[203] Williams S M, Reed W M, Bacon L D, et al. Response of white Leghorn chickens of various genetic lines to infection with avian leukosis virus subgroup J [J]. Avian Dis, 2004, 48 (1): 61 ~ 67.

[204] Burstein H, Resnick-Roguel N, Hamburger J, et al. Unique sequences in the env gene of avian hemangioma retrovirus are responsible for cytotoxicity and endothelial cell perturbation [J]. Virology, 1990, 179 (1): 512 ~ 516.

[205] 刘超男，高玉龙，高宏雷等. J 亚群与 E 亚群禽白血病自然重组病毒的全基因组序列分析［J］. 中国预防兽医学报，2009（12）：978 ~ 981.

[206] 叶建强，秦爱建，邵红霞等．J 亚群禽白血．病病毒（ALV-J）ELISA 检测方法的建立［J］. 中国兽医学报，2006（3）：235 ~ 237.

[207] 徐镔蕊，董卫星，余春明等．用 ALV-J gp85 单克隆抗体证明蛋鸡存在 J 亚群禽白血病［J］. 畜牧兽医学报，2005（3）：267 ~ 271.

[208] Smith E J, Williams S M, Fadly A M. Detection of avian leukosis virus subgroup J using the polymerise chain reaction [J]. Avian Dis, 1998, 42 (2): 375 ~ 380.

[209] Bizub D, Katz R A, Skalka A M. Nucleotide sequence of noncoding regions

in Rous-associated virus-2: comparisons delineate conserved regions important in replication and oncogenesis [J]. J Virol, 1984, 49 (2): 557 ~ 565.

[210] Garcia M, El-Attrache J, Riblet S M, et al. Development and application of reverse transcriptase nested polymerase chain reaction test for the detection of exogenous avian leukosis virus [J]. Avian Dis, 2003, 47 (1): 41 ~ 53.

[211] Zavala G, Jackwood M W, Hilt D A. Polymerise chain reaction for detection of avian Ieukosis virus subgroup J in feather pulp [J]. Avian Dis, 2002, 46 (4): 971 ~ 978.

[212] 钱琨，朱钰峰，沈海玉等. 地方蛋鸡群中 A 亚群禽白血病病毒的分离与全基因组序列分析 [J]. 中国兽医科学，2011，41 (10): 1 005 ~ 1 010.

[213] 刘再池，高少恒. 自拟补益方剂对鸡淋巴性白血病的疗效观察 [J]. 中兽医学杂志，1995，3: 23 ~ 24.

[214] 王晓伟，刘青，徐晴晴等. J 亚群禽白血病病毒跨膜蛋白 gp37 基因克隆与表达 [J]. 病毒学报，2012，28 (2): 178 ~ 184.

[215] 李敬双，于洋. 蟾酥注射液对马立克氏病预防作用的研究 [J]. 中国农学通报，2011，17: 45 ~ 49.

[216] 侯新华，申茂欣，鹿欣伦等. 蛋鸡血管瘤型 J 亚群禽白血病病毒的分离与鉴定 [J]. 中国家禽，2011，33 (3): 26 ~ 29.

[217] 李传龙，张恒，赵鹏等. ALV-J 相关的鸡急性纤维肉瘤发病模型的建立 [J]. 中国农业科学，2012，45 (3): 548 ~ 555.

[218] 周刚，牛成明，司昌德等. 禽白血病病毒斑点杂交检测方法的建立 [J]. 中国预防兽医学报，2010，32 (1): 53 ~ 56.

[219] 崔治中，赵鹏，孙淑红等. 鸡致病性外源性禽白血病病毒特异性核酸探针交叉斑点杂交检测试剂盒的研制 [J]. 中国兽药杂志，2011，45 (8): 5 ~ 11.

[220] Shang KDn, Zhu Jianying, Meng Xiaomeng, et al. Multifunctional $Fe_3O_4$ core/Ni-Al layered double hydroxides shell nanospheres as labels for ultrasensitive electrochemical immunoassay of subgroup J of avian leukosis virus [J]. Biosensors and Bioelectronics, 2012, 37 (1): 107 ~ 111.

[221] Moemen A. Mohamed, Tolba Y. Abd El-Motelib, Awad A. Ibrahim, et al. Contamination rate of Avian Leukosis viruses among commercial Marek's Disease vaccines in Assiut, Egypt market using Reverse Transcriptase-Polymer-

ase Chain Reaction [J]. Veterinary World, 3 (1): 8 ~ 12.

[222] Zhang H, Liu Q, Liu J, et al. Hemangioma and myelocytomas induced by avian leukosis virus subgroup j in commercial layer flocks [J]. Israel Journal of Veterinary Medicine, 2009, 64 (2): 37 ~ 44.

[223] 于琳琳，姜艳萍，王玥等. 禽白血病病毒J亚群自然感染商品蛋鸡致瘤性新特征 [J]. 畜牧兽医学报，2012，43 (4): 602 ~ 608.

[224] 李宏民，刘蒙达，孙洪磊等. 芦花鸡J亚群白血病的综合诊断 [J]. 中国家禽，2010，32 (20): 50 ~ 52.

[225] 乔健. 对鸡血管瘤病的新看法 [J]. 北方牧业，2009，10 (30): 22.

[226] 李晓华，王海旺，袁正东等. J亚群禽白血病对商品蛋鸡生产性能影响的研究 [J]. 中国家禽，2012，34 (2): 50 ~ 52.

[227] Rainey G J A, Natonson A, Maxfield L F. et al. Mechanisms of Avian Retroviral Host Range Extension [J]. Journal of Virology, 2003, 77 (12): 6 707 ~ 6 719.

[228] Robin A, Weissl Peter K, Vogt. 100 years of Rous sarcoma virus [J]. The Journal of Experimental Medicine, 2011, 208 (12): 2 351 ~ 2 355.

[229] Kong B W, Lee J Y, Bottje W G, et al. Genome-wide differential gene expression in immortalized DF-1 chicken embryo fibroblast cell line [J]. BMC, Genomics, 2011, 12: 571 ~ 589.

[230] 赵成棣，王波，王健等. 地方品种HR土鸡不同亚型禽白血病病毒的共感染 [J]. 中国预防兽医学报，2012，34 (3): 172 ~ 175.

[231] 尹青，孙淑红，柴家前等. 百日鸡J-亚群禽白血病组织病理学与超微病理学研究 [J]. 中国兽医学报，2012，32 (2): 290 ~ 295.

[232] 王洪进，张青禅，赵冬敏等. 我国近10年鸡白血病流行病学报道与研究分析 [J]. 中国兽医学报，2011，31 (2): 292 ~ 296.

[233] 张淼洁，张硕，顾小雪等. 2007 ~ 2010年中国部分地区进口鸡群禽白血病流行病学调查 [J]. 中国畜牧兽医，2012，39 (2): 200 ~ 202.

[234] 安徽省质量技术监督局. 种鸡J-亚群禽白血病净化技术规程 [Z]. 安徽省地方标准，DB34/T 1020 ~ 2009.

[235] 中华人民共和国农业部. 禽白血病病毒p27抗原酶联免疫吸附试验方法 [Z]. 中华人民共和国农业部，NY/T 680 ~ 2003.

[236] F. S. Markham, S. Levine. The Absence of Serologic Responses by Children and Adults to Avian Leukosis Virus in Measles Vaccine [J]. Archives of Vi-

rology，1965，16（1～5）：305～310.

[237] 王改利，刘华贵，初芹等. 北京地方品种鸡禽白血病病毒的跟踪检测与PCR 检测方法的建立［J］. 华北农学报，2010，25（4）：213～217.

[238] 王自然，孙晴，李同树. 肉鸡及其鸡胚中 CAV 和 ALV 的 PCR 检测［J］. 吉林农业大学学报，2007，29（5）：556～560.

[239] 杨飞跃，吴艳，黄翌等. 禽白血病 p27 抗原检测阳性与病毒分离的相关性比较［J］. 中国兽医杂志，2012，48（5）：26～29.

[240] 张雨萌，房志鑫，谷长勤等. 湖北省禽白血病典型病例的病理学诊断［J］. 湖北农业科学，2012，51（10）：2 067～2 072，2 080.

[241] 毕研丽，王金良，郭广君等. ARV、REV 与 ALV 三重 RT-PCR 检测方法的建立［J］. 中国兽医学报，2012，32（3）：341～344.

[242] 张超，潘玲，吴萍萍. CAV 和 ALV 混合感染病例的诊断［J］. 山东农业大学学报（自然科学版），2012，43（2）：224～246.

[243] 胡晓苗，戴银，潘孝成等. 安徽省五华鸡 J 亚群禽白血病的鉴定及其病理学观察［J］. 中国动物传染病学报，2012，20（3）：22～26.

[244] 卢玉葵，张济培，周水任. 朗德鹅疑似白血病的病理组织学观察［J］. 中国兽医科技，2005，35（10）：807～810.

[245] 孙涛，张太翔，徐彪等. PCR 结合变性高效液相色谱法与荧光定量 PCR 法在检测禽白血病中的比较与应用［J］. 中国畜牧兽医，2011，38（11）：157～162.

[246] 李娇，冯少珍，黄武等. 靶向 env 及 LTR 基因的 siRNA 抑制 ALV-J 复制的研究［J］. 2012 Vol. 39（8）：16～19.

[247] Chen M，Adam J G，Matthew W，et al. Inhibition of avian leukosis virus replication by vector- based RNA interference［J］. Virology，2007，365（2）：464～472.

[248] Meng Q W，Zhang Z P，Wang W，et al. Enhanced inhibition of Avian leukosis virus subgroup J replication by multi- target miRNAs［J］. Virology Journal，2011（8）：556.

[249] 张悦，徐福洲，陈小玲等. 禽白血病病毒 B、E 和 J 亚群基因芯片检测方法的建立［J］. 中国动物检疫，2012，29（6）：37～42.

[250] 贠炳岭，刘文，李德龙等. 禽白血病病毒双抗体夹心 ELISA 检测方法的建立［J］. 中国兽医科学，2012，42（9）：916～920.

[251] 李文婷，张建刚，张光景等. 禽白血病对如皋草鸡产蛋性能的影响

[J]. 上海畜牧兽医通讯, 2012 (4): 18 ~ 19.

[252] 梁有志, 尹丽萍, 杭柏林等. 禽白血病抗原快速检测试纸条的研制及初步应用 [J]. 中国家禽, 2012, 34 (14): 15 ~ 19.

[253] 王静, 陈冬妮, 欧芷华等. 实时荧光定量 PCR 技术在 SPF 鸡四种垂直传播疾病监测中的应用 [J]. 中国比较医学杂志, 2012, 22 (8): 6 ~ 14.

[254] Wang F, Wang X, Chen H, et al. The critical time of avian leukosis virus subgroup J-mediated immunosuppression during early stage infection in specific pathogen-free chickens [J]. J Vet Sci, 2011, 12: 235.

[255] 王彦红, 朱陈娟, 刘慧谋等. 迪卡蛋鸡 J 亚群禽白血病继发感染葡萄球菌的诊断 [J]. 中国兽医杂志, 2010, 46 (9): 28 ~ 29.

[256] Zhou G, Cai W B, Liu X L, et al. A duplex real-time reverse transcription polymerase chain reaction for the detection and quantitation of avian leukosis virus subgroups A and B [J]. Journal of Virological Methods, 2011, 173 (2): 275 ~ 279.

[257] 王波, 李清源, 刘绍琼等. 皖南黄肉种鸡种蛋中禽白血病病毒的感染状态检测 [J]. 畜牧兽医学报, 2011, 42 (2): 224 ~ 227.

[258] 秦爱建. 禽白血病防控的思考 [J]. 中国家禽, 2011, 33 (12): 36 ~ 37.

[259] Chai N, Bates P. Na +/H + exchanger type 1 is a receptor for pathogenic subgroup J avian leukosis virus [J]. Proceedings of the National Academy of Sciences of theUnited States of America, 2006, 103 (14): 5 531 ~ 5 536.

[260] 冯少珍, 李娇, 曹伟胜等. YXXM 基序对 J 亚群禽白血病病毒复制的影响 [J]. 微生物学报, 2011, 51 (12): 1 663 ~ 1 668.

[261] 姜艳萍, 王玥, 于琳琳等. ALV-J 诱发鸡成红细胞白血病的临床病例分析 [J]. 畜牧兽医学报, 2012, 43 (8): 1 317 ~ 1 323.

[262] 陈浩, 王一新, 赵鹏等. 禽白血病/肉瘤病毒肿瘤基因及其与致肿瘤机制的关系 [J]. 畜牧兽医学报, 2012, 43 (3): 336 ~ 342.

[263] 张丹俊, 戴银, 赵瑞宏等. 安徽省地方品种鸡 J-亚群禽白血病感染状况的血清学研究 [J]. 安徽农业科学, 2012, 40 ( 30): 14 744 ~ 14 745.

[264] 钱晨. 江苏省禽 J 亚型和 AB 亚型白血病共感染的血清学调查 [J]. 安徽农业科学, 2012, 40 (31): 15 277 ~ 15 278.

[265] 赵鹏, 崔治中, 马诚太. 种蛋中禽白血病病毒 p27 抗原检出率与鸡群禽

白血病发病率的相关性研究［J］. 畜牧兽医学报，2012，43（10）：1 618～1 622.

［266］秦立廷，高玉龙，潘伟等. 我国部分地区蛋鸡群 ALV-J 及与 REV、MDV、CAV 混合感染检测［J］. 中国预防兽医学报，2010，32（2）：90～93.

［267］崔治中. 规模化肉鸡安全生产与免疫抑制病病毒多重感染的预防控制［J］. 山东畜牧兽医，2008，1：1～4.

［268］代友洪，叶兆美，蒋清蓉等. 四川地区商品代蛋鸡 REV、ALV-J 感染情况调查［J］. 中国家禽，2011，33（3）：62～63.

［269］崔治中. 我国鸡群中禽白血病流行现状和对策［J］. 中国家禽，2009，31（13）：1～3.

［270］国办发［2012］31 号. 国务院办公厅关于印发国家中长期动物疫病防治规划（2012～2020 年）的通知［J］. 饲料广角，2012，11：7～12.

［271］刘丽娜，罗青平，胡薛英等. 三株 J 亚群禽白血病病毒的分离及其 gp85 基因序列分析［J］. 中国家禽，2012，34（12）：18～21.

［272］高玉龙，秦立廷，王笑梅. 家禽病毒性免疫抑制病流行特点与防控对策［J］. 中国家禽，2012，34（15）：5～11.

［273］王林山，尹燕博，徐守振等. 鸡 J 亚群禽白血病病毒与七种常见病毒混合感染的调查［J］. 动物医学进展，2010，31（11）：111～116.

［274］窦新红，秦爱建，沈海玉等. 地方特色蛋鸡母本群禽白血病病毒感染的鉴定［J］. 中国家禽，2012，34（22）：16～19.

［275］雷用东，王丹，童军茂等. 黑豆皮花色苷抗禽白血病病毒 A 亚群活性的研究［J］. 食品工业科技，2013，7：344～349.

［276］管宏伟，吴润，刁小龙等. 兰州市及周边地区禽白血病病毒的分子流行病学调查［J］. 中国兽医科学，2012，42（12）：1 294～1 301.

［277］王鑫，赵鹏，崔治中. 我国地方品种鸡分离到的一个禽白血病病毒新亚群的鉴定［J］. 病毒学报，2012，28（6）：607～615.

［278］http：//viralzone. expasy. org/all_ by_ protein/65. html#tab7

［279］陈浩. 致急性纤维肉瘤的缺陷型 J 亚群禽白血病病毒肿瘤基因的鉴定［D］. 山东泰安，山东农业大学博士学位论文，2012.

［280］http：//www. ncbi. nlm. nih. gov/retroviruses/

［281］李薛，董宣，赵鹏等. B 亚群禽白血病病毒 SDAU09C2 株的 $TCID_{50}$ 与 p27 抗原之间的相关性研究［J］. 中国畜牧兽医，2013，40（2）：

14 ~ 17.

[282] Feng S Z, Cao W S, Liao M. The PI3K/Akt pathway is involved in early infection of some exogenous avian leukosis viruses [J]. Journal of General Virology, 2011, 92 (7): 1 688 ~ 1 697.

[283] 崔治中. 中国鸡群病毒性肿瘤病及防控研究 [M]. 中国农业出版社, 2013.

[284] 刘功振, 刘学峰, 刘鹏等. 麻鸡 J 亚群白血病与组织滴虫混合感染 [J]. 中国兽医杂志, 2009, 45 (10): 38 ~ 40.

[285] 李德龙, 高玉龙, 曾祥伟等. 东北地区野生鸟类 J 亚群禽白血病分子流行病学调查及部分基因组序列分析 [J]. 畜牧兽医学报, 2013, 44 (3): 488 ~ 494.

[286] 李德龙, 刘婉思, 杨波等. 东北地区野生鸟类 B 亚群禽白血病的分子流行病学调查及 env 基因的序列分析 [J]. 中国兽医科学, 2013, 43 (2): 208 ~ 212.

[287] Wayne Tam, Dina Ben-Yehuda, William S Hayward. bic, a novel gene activated by proviral insertions in avian leukosis virus-induced lymphomas, is likely to function through its noncoding RNA [J]. Molecular and Cellular Biology, 1997, 17 (3): 1 490 ~ 1 502.

[288] Raines M A, Lewis W G, Crittenden L B, et al. c-erbB activation in avian leukosis virus-induced erythroblastosis: Clustered integration sites and the arrangement of provirus in the c-erbB alleles [J]. PNAS, USA, 1985, 82 (8): 2 287 ~ 2 291.

[289] Butterfield E E. Aleucemici lympadenoid tumors of the hen [J]. Folia Haematol, 1905, (2): 647 ~ 657.

[290] Ellermann V, Bang O. Experimentelle Leukamie bei Huhnern. Zentralbl Bakteriol Parasitenkd Infectionskr Hyg Abt Orig 1908: 595 ~ 609.

[291] Groupe V, Manaker R A Discrete foci of altered chicken embryo cells associated with Rous sarcoma virus in tissue culture [J]. Virology, 1956, 2 (6): 837 ~ 840.

[292] Vogt, P. K. A virus released by " nonproducing" Rous sarcoma cells [J]. Proc Natl Acad Sci USA, 1967, 58 (3): 801 ~ 808.

[293] Hanafusa, H. Hanafusa, T. Rubin, H. . The defectiveness of Rous sarcoma virus [J]. Proc Natl Acad Sci USA, 1963, 49 (4): 572 ~ 580.

[294] Smith, Toye L M, Howes A A, et al. Novel endogenous retroviral sequences in the chicken genome closely related to HPRS-103 (subgroup J) avian leukosis virus [J]. J Gen Virol, 1999, 80 (1): 261 ~ 268.

[295] 秦红丽，朱明艳. 禽白血病病毒J亚群在我国的流行现状 [J]. 畜牧兽医科技信息，2009，12：8 ~ 9.

[296] 崔治中. 鸡白血病及其综合防控措施 [J]. 兽医导刊，2010，11：26 ~ 29.

[297] 李秀钧，孙芝琳，邓长安. 逆转录酶与肿瘤 [J]. 国外医学参考资料(内科学分册)，177 ~ 184.

[298] Hayward W S. Neel B G, Astrin S M. Activation of a cellular onc gene by promoter insertion in ALV-induced lymphoid leukosis [J]. Nature, 1981, 290 (5806): 475 ~ 480.

[299] Mays J K, Pandiri A R, Fadly A M. Susceptibility of various parental lines of commercial white leghorn layers to infection with a naturally occurring recombinant avian leukosis virus containing subgroup B envelope and subgroup J long terminal repeat [J]. Avian Diseases, 2006, 50 (3): 342 ~ 347.

[300] Arshad S S, Howes K, Barron G S, et al. Tissue tropism of the HPRS-103 strain of J subgroup avian leukosis virus and of a derivative acutely transforming virus [J]. Veterinary Pathology, 1997, 34 (2): 127 ~ 137.

[301] Stedman N L, Brown T P, Brown C C. Localization of Avian Leukosis Virus Subgroup J in Naturally Infected Chickens by RNA In Situ Hybridization [J]. Veterinary Pathology, 2001, 38 (6): 647 ~ 656.

[302] Nehyba J, Svoboda J, Karakoz I, et al. Ducks: a new experimental host system for studying persistent infection with avian leukaemia retroviruses [J]. Journal of General Virology, 1990, 71 (9): 1 937 ~ 1 945.

[303] 张志，崔治中，赵宏坤等. 商品代肉鸡J亚群禽白血病的病理及病毒分离鉴定 [J]. 中国兽医杂志，2002，38 (6)：6 ~ 8.

[304] 徐镔蕊，董卫星，何召庆等. 间接荧光抗体法快速诊断海兰褐蛋鸡J亚群禽白血病的研究 [J]. 中国兽医杂志，2002，38 (9)：7 ~ 9

[305] 赵振华，成子强，顾玉芳等. 骨髓细胞瘤病自然病例的病理学研究 [J]. 中国兽医科技，2002，32 (10)：3 ~ 7.

[306] Kim Y, Brown T P, Pantin-Jackwood M J. The effects of cyclophosphamide treatment on the pathogenesis of subgroup J avian leukosis virus (ALV-J)

infection in broiler chickens with Marek's disease virus exposure [J]. Journal of Veterinary Science, 2004, 5 (1): 47 ~ 58.

[307] Smith L M, Brown S R, Howes K, et al. Development and application of polymerase chain reaction (PCR) tests for the detection of subgroup J avian leukosis virus [J]. Virus Res, 1998, 54 (1): 87 ~ 98.